ANHANGABAÚ
História e urbanismo

ADMINISTRAÇÃO REGIONAL DO SENAC SÃO PAULO

Presidente do Conselho Regional   Abram Szajman
Diretor do Departamento Regional   Luiz Francisco de Assis Salgado
Superintendente de Operações   Darcio Sayad Maia

EDITORA SENAC SÃO PAULO

Conselho Editorial   Luiz Francisco de Assis Salgado
Clairton Martins
Luiz Carlos Dourado
Darcio Sayad Maia
Marcus Vinicius Barili Alves

Editor   Marcus Vinicius Barili Alves (vinicius@sp.senac.br)

Governador   Geraldo Alckmin

Secretário-Chefe da Casa Civil   Arnaldo Madeira

IMPRENSA OFICIAL DO ESTADO DE SÃO PAULO

Diretor-Presidente   Hubert Alquéres
Diretor Vice-Presidente   Luiz Carlos Frigerio
Diretor Industrial   Teiji Tomioka
Diretor Financeiro e Administrativo   Alexandre Alves Schneider
Núcleo de Projetos Institucionais   Vera Lucia Wey

José Geraldo Simões Júnior

ANHANGABAÚ
História e urbanismo

senac
são paulo

editora

imprensaoficial

Coordenação de Prospecção Editorial: Isabel M. M. Alexandre (ialexand@sp.senac.br)
Coordenação de Produção Editorial: Antonio Roberto Bertelli (abertell@sp.senac.br)
Supervisão de Produção Editorial: Izilda de Oliveira Pereira (ipereira@sp.senac.br)

Preparação de Texto: José Teixeira Neto
Revisão de Texto: Edna Viana, Ivone P. B. Groenitz, Jussara Rodrigues Gomes,
    Kimie Imai, Luiza Elena Luchini
Elaboração de Textos Institucionais: Luiz Carlos Cardoso
Projeto Gráfico e Editoração Eletrônica: Fabiana Fernandes
Capa: Antonio Carlos De Angelo
Ilustração da Capa: Teresa Saraiva
Fotolitos, Impressão e Acabamento: **imprensaoficial**

Gerência Comercial: Marcus Vinicius Barili Alves (vinicius@sp.senac.br)
Administração e Vendas: Rubens Gonçalves Folha (rfolha@sp.senac.br)

© José Geraldo Simões Júnior, 2003
Foi feito o depósito legal na Biblioteca Nacional (Lei nº 1.825, de 20/12/1907)

Adotaram-se neste livro as normas de editoração referentes à grafia atualizada de nomes
de pessoas, publicações (livros e periódicos), ruas, edifícios, associações, etc.
Da mesma forma, a transcrição de documentos se faz pelas regras vocabulares vigentes.

Todos os direitos desta edição reservados a:

Editora Senac São Paulo
Rua Rui Barbosa, 377 – 1º andar – Bela Vista – CEP 01326-010
Caixa Postal 3595 – CEP 01060-970 – São Paulo – SP
Tel. (11) 3284-4322 – Fax (11) 289-9634
E-mail: eds@sp.senac.br
Home page: http://www.editorasenacsp.com.br

Imprensa Oficial do Estado de São Paulo
Rua da Mooca, 1921 – Mooca – CEP 03103-902
São Paulo – SP
Tel. (11) 6099-9800 – Fax (11) 6099-9674
SAC 0800-123 401
E-mail: livros@imprensaoficial.com.br
Home page: http://www.imprensaoficial.com.br

Dados Internacionais de Catalogação na Publicação (CIP)
(Câmara Brasileira do Livro, SP, Brasil)

Simões Júnior, José Geraldo
    Anhangabaú : história e urbanismo / José Geraldo Simões Junior. –
São Paulo : Editora Senac São Paulo : Imprensa Oficial do Estado de São
Paulo, 2004.

    Bibliografia.
    ISBN 85-7359-386-5 (Editora Senac São Paulo)
    ISBN 85-7060-262-6 (Imprensa Oficial do Estado de São Paulo)

    1. Anhangabaú, Vale do (São Paulo, SP) – História 2. Anhangabaú,
Vale do (São Paulo, SP) – Urbanismo 3. São Paulo (SP) – Urbanismo 4.
Urbanização – São Paulo (SP) I. Título.

04-3233	CDD-711.40981611

Índices para catálogo sistemático:

1. Anhangabaú : Vale : Urbanização : Cidade de
    São Paulo   711.40981611
2. Urbanização : Anhangabaú : Vale : Cidade de
    São Paulo   711.40981611

Sumário

Nota do editor 7

Agradecimentos 11

Introdução 13

O processo de urbanização e a inversão de polaridades na estrutura do Centro da cidade de São Paulo – Do Tamanduateí para o Anhangabaú 17

1º momento (1554-1867) – A tradicional "frente" da cidade voltada para o Tamanduateí 18

2º momento (1867-1892) – A implantação da ferrovia e da Estação da Luz 35

3º momento (1892-1917) – A ocupação da vertente oeste da cidade e sua influência na área central – A realização dos melhoramentos no Anhangabaú 56

Os primeiros projetos para o Vale do Anhangabaú e a origem do urbanismo paulistano 81

O projeto do vereador Silva Teles 82

O projeto da Prefeitura Municipal 90

O projeto do governo estadual 96

O plano de Vítor Freire – Análise de "Melhoramentos de São Paulo" 96

O plano Bouvard 129

A realização dos melhoramentos na região do Anhangabaú 137

A consolidação de uma nova polaridade na área central, condicionante para sua expansão rumo a oeste 137

Rua Líbero Badaró 138

Avenida São João 148

Praça da Sé 155

A futura expansão do Centro rumo a oeste 159

Considerações finais 163

Apêndice 165

Obras de Vítor da Silva Freire 170

Bibliografia 175

Legislação do município de São Paulo 187

Legislação do estado de São Paulo 188

Índice geral 189

Nota dos editores

A exemplo de todas as grandes cidades do mundo, São Paulo tem um dinamismo que a põe em permanente mutação. Demonstra-se isso na polaridade dos seus espaços centrais, de que este livro se ocupa com riqueza de detalhes, segurança da informação e um envolvente gosto pela história que cativa o leitor.

Nos meados do século XIX a provinciana São Paulo tinha seu centro nas proximidades da várzea do rio Tamanduateí; no início do século XX transferiu-o para a região do Anhangabaú com forte tendência de empreender a "marcha para o oeste", na direção de Higienópolis; hoje, o novíssimo centro alcança o vale do rio Pinheiros. Nesse processo alguns fatores, como a instalação da ferrovia na cidade com a Estação da Luz exercendo o papel "imantador" de desenvolver o lado norte, deram ao quadro uma complexidade que o explosivo crescimento explica.

Essa energia vital da metrópole no impulso de ser megalópole lhe impôs desafios claramente historiados no estudo de José Geraldo Simões Júnior. O Senac São Paulo e a Imprensa Oficial o publicam certos de contribuir com mais uma obra valiosa sobre a formação e os rumos possíveis da tentacular capital paulista.

Este livro é dedicado a meus pais e a Maria, Guilherme e Gustavo.

Agradecimentos

Este livro é resultado da pesquisa desenvolvida no Programa de Pós-graduação da Faculdade de Arquitetura e Urbanismo da USP para obtenção do grau de doutor. Contou com o imprescindível apoio financeiro da Fundação de Amparo à Pesquisa do Estado de São Paulo (Fapesp), que custeou bolsa de estudos ao longo do período de 1991 a 1995.

Agradeço ao empenho e dedicação de Isabel Alexandre, da Editora Senac São Paulo, que tornou possível a publicação deste trabalho, o qual conta também com a parceria da Imprensa Oficial do Estado.

A pesquisa contou com o apoio de inúmeros colaboradores: professores, amigos e funcionários dos arquivos públicos e bibliotecas, sem os quais este trabalho não teria sido viabilizado. Em primeiro lugar, agradeço o especial apoio de minha orientadora, professora doutora Marta Dora Grostein, que acompanhou a pesquisa desde a sua gestação, ainda nos tempos da graduação.

Agradeço também aos membros das bancas de qualificação e defesa final, que ajudaram a direcionar o rumo da pesquisa e a avaliar os resultados obtidos: os professores doutores Philip Gunn, Regina Meyer, Sylvia Ficher e Lea Goldenstein – e em especial Benedito Lima de Toledo, que muito gentilmente se disponibilizou também a escrever sobre esta publicação.

Não poderia deixar de mencionar ainda outros docentes e amigos que exerceram influência marcante em minha formação e no desenvolvimento desta pesquisa e que com eles usufruí importantes momentos de debates e aprendizado: Candido Malta Campos Filho, Nestor Goulart Reis Filho, Maria Cristina da Silva Leme, Rebeca Scherer, Gustavo Neves da Rocha, Carlos Roberto Monteiro de Andrade, Paulo Bruna, Nadia Somekh, Carlos Lemos, Celso Lamparelli, Roberto Righi, Candido Campos e Sarah Feldman.

Alguns pesquisadores e bibliotecários foram fundamentais para facilitar o acesso aos documentos iconográficos e livros, muitas vezes raros, que consultei. Especial agradecimento às historiadoras

Solange Ferraz e Vânia Carvalho, do Museu Paulista, aos funcionários do Arquivo Histórico Municipal e da biblioteca da Faculdade de Arquitetura e Urbanismo (FAU-USP), aos colegas do Instituto Pólis e ao professor Augusto Carlos da Silva Telles.

Ao Luli Radfahrer pela inestimável ajuda na edição final das imagens e do texto da tese.

E, por fim, devo especial gratidão a todos os amigos mais recentes da Pós-Graduação do Mackenzie, que me apoiaram neste trabalho de edição final do livro: professores Carlos Guilherme Mota, Gilda Collet Bruna, Rafael Perrone, Carlos Leite, Carlos Alonso, Sandra Stump, Maria Lucia Vasconcelos e Cláudio Lembo. E em especial aos professores Pedro Ronzelli Jr. e Monassés Claudino Fonteles, respectivamente vice-reitor e reitor da Universidade Presbiteriana Mackenzie.

Introdução

Este trabalho aborda algumas questões relativas aos melhoramentos realizados na área central da cidade de São Paulo no início do século XX, mais particularmente àqueles localizados no entorno do vale do ribeirão Anhangabaú.

O estudo está articulado tendo como diretrizes três hipóteses básicas:

1. A primeira situa a questão dos "melhoramentos" num processo de reestruturação global da cidade. Tal processo implicou a mudança da polaridade dos espaços centrais e a conseqüente valorização das áreas próximas ao Anhangabaú.

2. A segunda estabelece como marco inicial do urbanismo paulistano o processo de debates havido entre os projetos apresentados para os melhoramentos do Centro da cidade, que adotavam distintos partidos de intervenção para a área do entorno do Anhangabaú.

3. A terceira relaciona-se à etapa de execução dos melhoramentos, momento em que se consolida essa polarização em torno da região do vale. O Parque Anhangabaú, aí formado, seria o elemento viabilizador da futura expansão do Centro rumo a oeste.

— ■ —

Foi na década de 1910 que a região do Anhangabaú passou por suas primeiras grandes remodelações. O vale, que separava a velha cidade da nova, apresentava até 1910 um aspecto semi-rural, sendo cruzado pelo ribeirão Anhangabaú e contendo ainda vestígios de antigas chácaras, e era para onde se voltavam os fundos das casas das ruas Formosa e Líbero Badaró.

Essa característica era decorrência do desenvolvimento histórico da cidade, que desde sua fundação havia consolidado sua estrutura central voltada para o lado oposto, próximo à encosta leste, por onde passava o rio Tamanduateí. Era por ali que, em séculos anteriores, São Paulo se comunicava com outras localidades importantes do território brasileiro: com Santos, onde se situava o porto, e com o

Rio de Janeiro, a capital do país. Ali estavam as "portas" da cidade – as ladeiras do Carmo e da Glória –, pontos de conexão com essas estradas e por onde, durante mais de um século, os tropeiros entravam e saíam de São Paulo.

O Anhangabaú era, portanto, até o início do século XX, considerado o "quintal dos fundos" da colina central – o seu setor menos valorizado.

— ■ —

A predominância dos espaços situados a leste começa a ser alterada com a chegada da ferrovia, em 1867. Desde então, as portas da cidade começam a ser transferidas da várzea do Carmo (face leste da cidade) para a região da Luz (face norte).

Tal fato gerou em São Paulo uma nova polaridade, que se refletiu nos espaços centrais com o desenvolvimento de eixos de comunicação rumo a esse lado norte – as ruas Florêncio de Abreu e Brigadeiro Tobias. O efeito desse processo seria notável nas últimas duas décadas do século XIX, o que explica o fato de Militão Augusto de Azevedo ter realizado tantas tomadas fotográficas desses logradouros nos anos de 1886 e 1887.

A partir de 1890 uma nova orientação foi dada a essa polarização nos espaços centrais, atraídos agora pelos investimentos realizados nos elitizados bairros residenciais que se consolidavam na região oeste – Campos Elísios e Higienópolis. A construção do Viaduto do Chá em 1892 veio viabilizar a comunicação desses novos bairros com a área central, fortalecendo assim o processo polarizador em direção à parte oeste da colina central, onde estava o Vale do Anhangabaú.

É por esse motivo que o local seria valorizado – sobretudo após 1903, quando é aí iniciada a construção do Teatro Municipal. Tal fato gerou a necessidade de melhoramentos em toda a região, como aqueles que foram sugeridos pelo vereador Silva Teles em 1906 e depois detalhados pela Diretoria de Obras Municipais, sob a coordenação do engenheiro Vítor Freire.

Em 1910, conclui-se finalmente um projeto de intervenções a serem feitas no local, e nele se propõe a construção de um grande parque ajardinado em todo o vale, desapropriando-se imóveis situados nas ruas laterais – Líbero Badaró e Formosa. A valorização desses terrenos faz com que seja questionado o interesse público que esses projetos poderiam despertar. São então apresentadas outras versões para o projeto de melhoramentos, resguardando o interesse dos proprietários, figuras de destaque no meio social e político paulistano. Um desses projetos foi o elaborado pelo engenheiro Samuel das Neves para o governo estadual.

A existência dessa divergência de opiniões é o fato gerador de um outro projeto elaborado por Vítor Freire, em que ele apresenta uma proposta de intervenção usando os conceitos de uma ciência nova – o urbanismo, que começava a se desenvolver no cenário europeu –, dominada nessa época pelos alemães. Esse documento passa assim a ser considerado o primeiro plano urbanístico de São Paulo.

As conseqüências daí decorrentes seriam grandes. Bouvard, um conceituado urbanista francês que estava em Buenos Aires, é chamado para opinar sobre o assunto. Elaborando um outro plano, bastante próximo ao de Freire, propõe então uma série de intervenções na área central, priorizando aqueles setores voltados para a região da Sé, mais perto da vertente leste da colina central.

No entanto, a valorização dos espaços em torno da vertente oeste faz com que o plano seja implementado prioritariamente na região do Anhangabaú. Esse já era um forte indício das alterações estruturais que estavam se processando nos espaços centrais.

Após a finalização das obras, em 1917, o Centro da cidade de São Paulo polariza-se definitivamente em torno do novo Parque Anhangabaú, criando-se as condições para o início do processo de expansão da área central para esse lado.

Tal fato foi observado nas décadas seguintes, com a consolidação de um "Centro Novo" na região da rua Barão de Itapetininga. Inicia-se assim um movimento contínuo de deslocamento do Centro da cidade nessa direção – fenômeno que perdura até os dias de hoje.

— ■ —

A abordagem utilizada para a elaboração deste trabalho foi fundamentada em algumas obras de extrema importância para a compreensão do período, mas até hoje pouco valorizadas pela historiografia paulistana.

Em relação ao tema do urbanismo, foi fundamental o trabalho de Vítor da Silva Freire intitulado "Melhoramentos de São Paulo", publicado na *Revista Politécnica* em 1911. Esse trabalho é considerado pioneiro no Brasil como proposta de intervenção urbana baseada em princípios de cunho científico, uma vez que adotava como referência diversos tratados de urbanismo e relatórios técnicos de projetos urbanos que expressavam o que havia de mais atual na experiência internacional da época.

Para a compreensão detalhada de diversos aspectos da história da cidade, foi utilizada a obra de Antônio Egídio Martins, publicada em 1910, intitulada *São Paulo antigo (1554-1910)*,[1] que é um relato dos acontecimentos que marcaram a cidade de acordo com a visão documentalista e minuciosa do diretor do Arquivo Público, que conhecia de memória o conteúdo de quase todos os documentos ali guardados.

E, por fim, para a análise iconográfica foram de extrema relevância os extraordinários álbuns de fotografias comparativas editados pelo prefeito Washington Luís em 1916, que contêm as fotos comparativas de logradouros da cidade de São Paulo nos anos de 1862 e 1887 (editadas por Militão Augusto de Azevedo), acrescidas de uma terceira série comparativa realizada entre 1914 e 1918, fotos estas que possibilitaram interpretar fielmente as transformações processadas nos espaços centrais da cidade no período estudado.

Foi a partir dessas três obras que se organizou todo o restante do campo de referências bibliográficas utilizadas neste trabalho, indo dos tratados europeus de urbanismo (os livros de Camillo Sitte, de Joseph Stübben, de Eugène Hénard), passando pelos relatórios de governo e publicações técnicas (relatórios dos prefeitos, boletins do Instituto de Engenharia, etc.) e consultando também a obra de historiografia da cidade e do urbanismo (como os trabalhos de Ernani da Silva Bruno, de Benedito Lima de Toledo, de Nestor Goulart Reis Filho, de Sylvia Ficher e outros).

---

[1] Antônio Egídio Martins, *São Paulo antigo (1554-1910)* (São Paulo: Conselho Estadual de Cultura, 1973).

O processo de urbanização e a inversão de polaridades na estrutura do Centro da cidade de São Paulo – Do Tamanduateí para o Anhangabaú

A evolução urbana da cidade de São Paulo é assunto que já foi largamente estudado por historiadores e urbanistas. A estruturação de seus espaços centrais, no entanto, ainda está por merecer análises mais aprofundadas, e é neste sentido que este trabalho pretende contribuir.

Este capítulo apresenta uma abordagem da evolução por que passou a estrutura do Centro da cidade de São Paulo – enfatizando o tema da inversão da polarização observada nos espaços da colina central, que ocorreu como decorrência da expansão da cidade para o oeste.

Essa inversão foi conseqüência das alterações observadas nos espaços mais valorizados da colina central, que progressivamente migraram do lado leste, passando para o norte até atingir o oeste. Ou seja, iniciando-se nas vertentes da colina voltada para os lados do rio Tamanduateí (rua do Carmo), passando pelos acessos norte (em direção à Estação da Luz, passando pelas ruas Brigadeiro Tobias e Florêncio de Abreu) até atingir aquela vertente voltada para o Anhangabaú (rua Líbero Badaró).

Essa evolução será apresentada, neste capítulo, em três partes:

1. A primeira delas explicando como se formou essa polaridade original da cidade em relação à várzea do Tamanduateí. Esse período correspondeu a mais de trezentos anos, indo desde a fundação de São Paulo até o advento da ferrovia. Será dado destaque aos séculos XVIII e XIX, momento em que a cidade tinha seu sistema econômico voltado para a produção, primeiro, de açúcar e, depois, de café e era dependente de um meio de transporte primitivo – a tração animal. A função centralizadora da capital, para onde os caminhos dos tropeiros convergiam, implicará a valorização de determinados espaços, sobretudo daqueles mais próximos às diversas entradas da cidade. Adquirem relevância nesse período os caminhos voltados para o leste, as entradas mais "nobres" da cidade, de onde provinham as

estradas que ligavam São Paulo ao Rio de Janeiro e ao porto de Santos. Essas entradas eram o Caminho do Brás (atual avenida Rangel Pestana) e rua do Carmo (atual rua Roberto Simonsen).

2. Na segunda parte, época do apogeu da economia cafeeira, entre 1867 e início da década de 1890, será estudado o impacto da presença da ferrovia na cidade. O papel "imantador" exercido pela Estação da Luz em relação à área central traz como conseqüência o desenvolvimento dos eixos de interligação do Centro da cidade em direção ao norte – as ruas Florêncio de Abreu e Brigadeiro Tobias –, implicando também a valorização das terras próximas à estação, o que daria origem ao loteamento do bairro de Campos Elísios. A existência dessa nova "porta" no norte da cidade causará o enfraquecimento da polaridade exercida até então pelo setor leste da colina central.

3. A terceira parte mostra a continuidade desse processo – novos loteamentos de alto padrão são abertos nas terras salubres situadas na vertente oeste da cidade. Higienópolis é o principal deles. A valorização desse setor induz igual efeito nos espaços situados na colina central. A inauguração do Viaduto do Chá, em 1892, serviria como fator seminal para afirmar essa polaridade, consolidada por outros empreendimentos posteriores, como a construção do Teatro Municipal e a realização do plano de melhoramentos para o vale, a partir de 1911.

A inauguração do Parque Anhangabaú, em 1917, transformaria o local no ponto mais importante da área central, invertendo uma situação observada até pouco tempo antes, quando a vertente oeste da colina era considerada os "fundos" da cidade.

1º momento (1554-1867) – A tradicional "frente" da cidade voltada para o Tamanduateí

Condicionantes da ocupação inicial da colina central

As trilhas indígenas

Depois da fundação de São Vicente, em 1532, e da abertura, neste local, de um colégio jesuítico, a conquista do planalto já estabeleceria, alguns anos mais tarde, um importante ponto de apoio: Santo André da Borda do Campo, arraial de João Ramalho.

O contato dos jesuítas com os indígenas, desde os primeiros tempos, despertara grande curiosidade da parte dos silvícolas:

> Não é fácil dizer-se a quem mais agradou a chegada dos jesuítas, para morar, na aldeia de Piratininga: se aos Padres, se aos Índios. Havia um interesse muito maior do que aquele simples desejo de aprender a fé cristã, havia um interesse econômico por parte dos Índios, pois eles sabiam que os jesuítas lhes forneceriam as ferramentas de que eles precisavam para trabalhar a terra e produzir seus artefatos [...] Além disso, o indígena queria aproximar-se, por todos os meios, do homem branco. Não é sem razão que o cacique Tibiriçá, chefe dos índios, adotou o nome de Martim Afonso, chefe dos brancos.[1]

Assim, segundo relata ainda esse autor, a partir da leitura das cartas deixadas pelos primeiros jesuítas do Brasil, os padres foram convidados pelos guaianases a se estabelecer junto à ocara, situada no alto de uma colina circundada pelos rios Tamanduateí e Anhangabaú. Os índios destinaram assim aos religiosos um local onde poderiam construir a capela, que seria a primeira escola em terras no interior do país.

A colina que os indígenas ocupavam tinha a parte superior plana, como era observado nos assentamentos tradicionais. A disposição das casas na ocara seguia a forma circular de aproximadamente 300 m de diâmetro, e nela situava-se uma praça central concêntrica, com cerca de 50 m, destinada às festas e ritos cerimoniais.

Ao tentar-se inserir essas medidas na área do Centro histórico de São Paulo, as opções de localização serão poucas, restringindo-se aproximadamente à área do Triângulo central (ruas de São Bento, Direita e 15 de Novembro). Segundo análises de fotointerpretação realizadas por esse mesmo autor em levantamentos aerofotogramétricos, a localização mais provável desse aldeamento é aquela apresentada na figura ao lado (fig. 1).

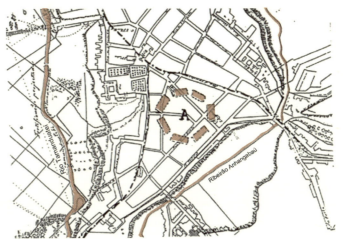

Fig. 1 - Ao redor de A era a localização aproximada da aldeia dos índios na colina central paulistana. Foi desenhada sobre um mapa da cidade datado de 1842, e é o resultado dos exames de fotointerpretação realizados por Rocha Filho sobre aerolevantamento fotográfico de 1940.

Fonte: Gustavo Neves da Rocha Filho, *São Paulo: redirecionando a sua história*, tese de livre-docência (São Paulo: FAU-USP, 1992).

---

[1] Gustavo Neves da Rocha Filho, *São Paulo: redirecionando a sua história*, tese de livre-docência (São Paulo: FAU-USP, 1992), pp. 22-23.

O espaço ocupado pelos jesuítas situava-se entre esses caminhos antigos e as escarpas voltadas para o vale do rio Tamanduateí; o Colégio, com as costas voltadas para o barranco, como o colégio da Bahia, tinha à sua frente o terreiro, que alcançava, então, o alinhamento do caminho que constitui hoje a rua 15 de Novembro. Depois, ao lado do terreiro, foi edificada a primeira igreja matriz de São Paulo, a velha Sé tão solicitada pelos vereadores desde 1588 e que só foi concluída em 1612. O "terreiro", espaço fronteiro ao colégio, deve ter sido delimitado só após a instalação da vila, e com as dimensões requeridas pelos próprios jesuítas, à semelhança com os da Bahia, Belém do Pará, Reis Magos, Escada e outros, isto é, um retângulo de aproximadamente 100 m × 150 m.[2]

Outro fator de fundamental importância para a localização do sítio indígena era a proximidade dos rios, pois a pesca era a fonte principal de alimentação. Nesse sentido, o Tamanduateí aparecia como uma referência importante. No entanto, as encostas voltadas para seu lado eram sujeitas aos constantes ventos frios vindos da serra do Mar. Talvez por esse motivo é que os indígenas se instalaram mais ao centro da colina e cederam aos jesuítas uma porção de terreno voltada para esse lado da várzea, um local pouco valorizado por eles.

Assim, nesses anos iniciais, houve um convívio razoavelmente pacífico entre os religiosos portugueses e os nativos dessa aldeia. Em 1560, no entanto, os indígenas saem dessa colina central, deslocando-se para um outro local mais no interior do território. Nesse mesmo ano a missão de Santo André é transferida para os campos de Piratininga, constituindo assim a vila de São Paulo de Piratininga, com Casa de Câmara e Cadeia.

Os primeiros caminhos que os portugueses utilizaram no território do planalto eram antigas trilhas indígenas. Teodoro Sampaio já se referia a elas em um estudo histórico datado de fins do século XIX. A principal dessas trilhas chamava-se "caminho do Peabiru",[3] uma longuíssima trilha que os índios guaranis percorriam para se deslocar de seu tradicional território (situado hoje no Paraguai) até o mar. Esse percurso havia sido realizado pelo explorador alemão Ulrich Schmidl em uma viagem realizada pela América do Sul no ano de 1553.

Do Paraguai ao litoral atlântico era a região intermédia em parte ocupada por povos da nação guarani e em parte por povos ainda mais bárbaros inimigos daqueles. Seguia pelos campos ao norte do Iguaçu o caminho que ligava as tribos da mesma nação guarani no litoral e no interior. Esse cami-

---

[2] *Ibid.*, pp. 47-48.

[3] No trecho da serra do Mar, essa trilha possuía diversas designações e algumas variantes: trilha dos Tupiniquins e caminho do Padre José (em homenagem a José de Anchieta, que a utilizara para chegar ao planalto). O nome Peabiru aqui adotado é referência do trabalho do historiador Augusto Benedito Galvão Bueno Trigueirinho, exposto em conferências na sede do Instituto Genealógico Brasileiro. Das várias traduções possíveis para esse nome tupi, a que mais se aproxima de um significado é aquela que diz "caminho da fartura dos alimentos" – o que justificaria o tão longo percurso que esses guaranis faziam desde seu território até o mar em busca de alimento.

nho partindo das margens do Paraná vinha ter às cabeceiras do Tibagi e aí se dividia. Um galho buscava o sul, passando pelos campos de Curitiba em direção aos Carijós dos Patos em Santa Catarina; outro entranhava-se nas matas do Assungui e ia ter a Cananéia; *e outro ainda tomava para Nordeste pelos campos que levavam a Piratininga*.[4]

Essa última vertente da trilha, em seu sentido oposto, partia do litoral, num ponto próximo a São Vicente, seguia pelo rio Cubatão, galgava a serra pelo vale do rio Perequê até alcançar os campos de Santo André. Chegava a São Paulo pelo Lavapés, subindo a ladeira do Tabatingüera e rua da Boa Morte (ou então o aclive mais ameno da rua da Glória) e, atingindo o platô, realizava uma grande curva passando próximo à antiga matriz da Sé. A partir daí, tal caminho assumia a direção da atual rua José Bonifácio, passando pelo largo da Memória, pelas ruas da Consolação, Bela Cintra e dos Pinheiros, atingindo o aldeamento aí existente e cruzando o rio Pinheiros no ponto exato onde hoje se localiza a Ponte Eusébio Matoso. Continuava pela direção da região de Sorocaba e Itapetininga rumo a sudoeste até encontrar novamente o ponto de bifurcação próximo às nascentes do rio Tibagi.

Essa trilha, quando cruzava a colina central de São Paulo, tinha uma derivação que seguia em direção ao norte. Iniciava-se na atual praça da Sé e continuava pelas ruas 15 de Novembro, São João, largo de Santa Ifigênia, ruas da Conceição e Tiradentes, até o rio Tietê.[5]

Dessa forma, a estrutura viária original da cidade delineou-se a partir desses dois caminhos indígenas. Os outros caminhos da colina central configuraram-se com base nesse traçado preexistente, procurando sempre atender às necessidades de conexão dessa vila com os outros povoados próximos e com pontos importantes situados mais no interior do território brasileiro.

Os espaços religiosos

A conquista de outros pontos dessa colina central, durante os séculos XVI e XVII, acabou sendo definida em decorrência do estabelecimento de outras três ordens religiosas na cidade, a dos beneditinos, a dos carmelitas e a dos franciscanos, e de seus respectivos conventos.

---

[4]   Teodoro Sampaio, "São Paulo de Piratininga no fim do século XVI", em *Revista do Instituto Histórico e Geográfico de São Paulo*, vol. 4, São Paulo, 1898, p. 261 (grifo nosso).

[5]   Para a reconstituição desse trajeto, foram consultados Teodoro Sampaio, "São Paulo de Piratininga no fim do século XVI", cit.; Gustavo Neves da Rocha Filho, *São Paulo: redirecionando a sua história*, cit.; Clóvis de Athayde Jorge, *Luz: notícias e reflexões,* Série História dos Bairros de São Paulo (São Paulo: Secretaria Municipal de Cultura, 1988), p. 91; Antonio Barreto do Amaral, *Dicionário de história de São Paulo*, vol. 19 da Col. Paulística (São Paulo: Governo do Estado, 1980), p. 100; W. Kloster & F. Sommer, *Ulrich Schmidl no Brasil quinhentista* (São Paulo: Sociedade Hans Staden, 1942); Instituto Histórico e Geográfico de São Paulo (IHGSP), "O caminho do Paraguai a Santo André da Borda do Campo", em *Revista do IHGSP*, vol. 13, São Paulo, 1911.

Cada uma dessas construções, em cujo corpo lateral, bastante extenso, se localizava o mosteiro ou o convento propriamente dito, era provida de uma igreja com torre. Essas três ordens deviam manter um certo distanciamento entre si, em respeito às suas respectivas circunscrições territoriais. Assim, o ponto em que elas se situavam acabou definindo os vértices de um triângulo, assentado sobre os pontos dominantes da colina central.

No interior da área definida por esse Triângulo é que se desenvolvia a cidade, com suas outras igrejas, a matriz da Sé, a de Santo Antônio, a dos Jesuítas e aquelas que seriam posteriormente edificadas: São Pedro, Santa Teresa, Misericórdia e Rosário.

As principais ruas centrais configuraram-se a partir das conexões entre esses espaços religiosos e entre a parte alta e a parte baixa da cidade, no caso, a várzea onde se localizava o Tamanduateí – ponto de chegada dos colonizadores provenientes do litoral.

Assim, a rua 15 de Novembro foi formada com base na antiga trilha que servia para unir o Colégio dos Jesuítas com a primitiva morada de Tibiriçá, em torno da qual, depois, se formou o largo de São Bento.

A rua de São Bento era o caminho de ligação entre a Igreja de São Bento e a de São Francisco. Seu traçado foi definido por uma linha reta que unia as portas dessas duas igrejas, tendo sido provavelmente alinhada pelos primeiros topógrafos ou por arrumadores de terras contratados pela Câmara, ainda no século XVII, para melhor demarcar as propriedades do solo.

E a rua Direita, cujo nome é originário da antiga denominação "rua direita da Misericórdia para Santo Antônio", era a ligação entre a matriz da Sé e a Igreja de Santo Antônio, tendo sido também alinhada provavelmente por esses mesmos profissionais topógrafos, de tal ma-

Fig. 2 - As três ordens religiosas definiram os marcos iniciais do colonizador, ocupando pontos estratégicos da colina histórica. O Triângulo é a região mais central dessa colina e é delimitado pelas ruas de São Bento, Direita e 15 de Novembro.

Fonte: Prefeitura Municipal de São Paulo, "Mapa da cidade de São Paulo e seus subúrbios" feito por ordem do exmo. sr. pres. o marechal-de-campo Manuel da Fonseca Lima e Silva, data aproximada de 1844-1848, em *São Paulo antigo: plantas da cidade* (São Paulo: Comissão do IV Centenário, 1954).

neira que faz ângulo "absolutamente reto"[6] com a rua de São Bento. Essa imposição da ortogonalidade é o que explicaria a inflexão assumida pela rua na altura do largo da Misericórdia, por onde antigamente passava a trilha indígena do Peabiru que seguia pela rua do Ouvidor, hoje José Bonifácio.

Dessas três ruas (15 de Novembro, de São Bento e Direita) é que teria origem o termo "Triângulo", relacionado à parte mais central e antiga da cidade. O ponto de encontro entre as ruas Direita e de São Bento constituía-se no único cruzamento em ângulo reto existente entre as tortuosas ruas dessa colina. Essa esquina ficaria famosa e passaria a ser conhecida pelo nome de "quatro cantos" (fig. 2).

O rio Tamanduateí

A importância desse rio relaciona-se principalmente à sua navegabilidade, uma vez que desde o século XVI era utilizado como rota alternativa às trilhas no trajeto entre Santo André e São Paulo.

Com o tempo, passaria a servir prioritariamente ao transporte de cargas, principalmente àquele advindo da fazenda de São Caetano, de propriedade dos beneditinos, que trazia gêneros alimentícios em canoas até próximo ao Mosteiro de São Bento, no porto Geral.

Até meados do século XIX, o Tamanduateí abrigou quatro portos nas imediações da várzea do Carmo: Geral, Tabatingüera, Figueira e Coronel Paulo Gomes.[7]

Nascendo nas escarpas ocidentais da serra do Mar, o Tamanduateí tinha originalmente o leito pouco profundo e em nível com o rio Tietê. Por esse motivo, na época das chuvas, suas águas, reprimidas pelas do Tietê, acabavam inundando periodicamente as extensas várzeas próximas à colina central paulistana. Somente no século XIX é que se realizariam obras de melhoramentos nessa várzea. A retificação e a canalização executadas em 1849 tornariam impraticável, a partir de então, sua navegabilidade.

Os caminhos de tropeiros e a definição da estrutura viária ao longo dos séculos XVIII e XIX

A ligação dessa parte alta da cidade com o rio, desde os primeiros tempos, realizava-se pelas ladeiras do Tabatingüera, da Glória e do Carmo, que eram também as vias de conexão com os caminhos que iam para o litoral e para o Rio de Janeiro.

---

[6]   Cf. Gustavo Neves da Rocha Filho, *São Paulo: redirecionando a sua história*, cit., p. 47.

[7]   Ernani da Silva Bruno, *História e tradições da cidade de São Paulo* (Rio de Janeiro: José Olympio, 1954), p. 611.

Essas eram então as portas de acesso à cidade, que até meados do século XIX assim permaneceram, conforme afirma Paulo Cursino de Moura:

> A entrada da cidade, outrora, se fazia, de preferência, pelos lados do Glicério, a imensa várzea que acariciava os afluentes do Tamanduateí, pela subida da Glória ou do Tabatingüera. Tanto que a torre da Igreja da Boa Morte, na esquina da subida da rua Tabatingüera, dominando a estrada do Ipiranga até perder-se ao longe no horizonte, era chamada "torre de observação" para a denúncia, com repique dos sinos da igreja, a qual despertava os das demais da cidade, dos presidentes da província e bispos diocesanos que vinham do Rio após a nomeação ou sagração, entrando triunfalmente na sede de sua jurisdição.[8]

Os deslocamentos objetivando a conquista do território ou as trocas comerciais entre os povoados sempre foram realizados fundamentalmente por meio das comunicações terrestres. O período dos tropeiros representou o momento em que o meio de transporte dominante no interior do território paulista foi aquele baseado nas tropas de animais de carga. Esse período iniciou-se no século XVIII e estendeu-se até meados do século XIX, correspondendo ao momento de apogeu da economia açucareira e do chá e ao início da cafeeira.

As tropas eram constituídas por grande contingente de animais de carga, que se deslocava em ritmo lento. Por essa razão, ao longo desses caminhos, diversos pousos iam se estabelecendo, espaçados entre si na distância equivalente a um dia de viagem. Tais pousos eram, na verdade, sítios ou fazendas que se destinavam a dar suporte a todas as necessidades dos viajantes: abrigo e alimentação para os tropeiros, pastagens para os animais, aluguel e venda de muares, funcionando ali em geral entrepostos de alimentos e gêneros diversos. Esses pousos viriam, posteriormente, a dar origem aos inúmeros núcleos urbanos lindeiros às principais estradas da província, como Jundiaí, São Bernardo, Rio Grande da Serra.

Assim, a vila de São Paulo, o principal centro de trocas da região, local de chegada e partida das tropas, foi se estruturando em função da orientação e da importância que assumiu cada uma dessas vias de transporte.

Diversos pousos nela se situavam, mas dois eram os mais importantes: o pouso da Água Branca e o do Bexiga. Saint-Hilaire, quando esteve em visita à cidade no ano de 1819, passou por eles e notou grande diferença no conforto oferecido em cada um. No da Água Branca, a referência foi a de "um rancho real, muito confortável para os viajantes, que em São Paulo têm tanta dificuldade em encontrar aloja-

---

[8] Paulo Cursino de Moura, *São Paulo de outrora: evocações da metrópole*, vol. 25 da Col. Reconquista do Brasil (Belo Horizonte/São Paulo: Itatiaia/Edusp, 1980), p. 22.

mento quanto nas outras cidades do interior do Brasil", enquanto no do Bexiga, onde pernoitou, a impressão foi outra:

> Indicaram-me o albergue de um certo Bexiga, que possuía, em São Paulo mesmo, vastas pastagens. Foi a essa hospedaria que me dirigi. Entramos na cidade por uma rua larga (29 de outubro de 1819) margeada por casas pequenas, mas bem cuidadas, e depois de passarmos por uma fonte bastante bonita [chafariz do Piques, de 1814] e, em seguida, pela Ponte do Lorena, feita de pedras, sobre o córrego do Anhangabaú, chegamos ao albergue do amável Bexiga. Meus burros foram levados para um pátio lamacento, limitado por um lado por um fosso e dos outros dois por pequenas construções. Tratava-se dos alojamentos destinados aos viajantes. Bexiga dava a estes permissão para levarem os burros para os seus pastos, mediante o pagamento de um vintém por noite e por cabeça, e ao viajante não era cobrado nada. Quando não se paga, não se pode ser muito exigente. Entretanto, não pude deixar de sentir um arrepio quando me vi num cubículo úmido, infecto, de uma sujeira revoltante, sem forro, sem janela, e tão apertado que, embora nossas malas tivessem sido empilhadas umas sobre as outras, pouco espaço sobrava para nos mexermos.[9]

O pouso do Bexiga situava-se próximo ao largo do Piques (hoje largo da Memória), na direção da atual rua de Santo Amaro.

O Piques era um local de parada e abastecimento de tropas, pois aí existiam o chafariz, um largo e diversos estabelecimentos de venda de gêneros, entre os quais um que era conhecido como Loja dos Tropeiros. Além disso, no largo eram realizados os mais importantes leilões de escravos da cidade (fig. 3).

A presença dos tropeiros devia-se ao fato de o Piques ser o ponto final da estrada proveniente do sul do país, conexão com o estuário do Prata e com a cidade de Sorocaba, centro de comercialização de animais de carga. Constituía-se também em lugar de passa-

Fig. 3 - Militão de Azevedo retratou o largo do Piques em 1862 (detalhe). A relevância desse largo decorria do fato de ser o local ponto de passagem obrigatória de tropeiros. O chafariz aí existente foi construído em 1814 pelo oficial-engenheiro Daniel Pedro Müller.

Fonte: Benedito Lima de Toledo, *São Paulo: três cidades em um século* (São Paulo: Duas Cidades, 1983).

---

[9] Auguste de Saint-Hilaire, *Viagem à província de São Paulo* (São Paulo: Edusp, 1976), p. 121.

gem obrigatória para todos aqueles que faziam o percurso Jundiaí–Santos, ou seja, aqueles comboios que conduziam até o porto toda a produção de café e açúcar da província.

Embora, em vista aérea, o Piques apareça hoje como ponto de convergência de arruamentos urbanos, na realidade, em relação à trama definida pela rede de caminhos de tropa, ele assumia na época o papel funcional de *local de passagem*, e não de *origem de caminhos*. Esse papel irradiador ficava restrito ao núcleo central da cidade, mais especificamente à região da Sé.

Desse núcleo central irradiavam assim, em meados do século XIX, as seguintes estradas:

- Ao sul, duas estradas: uma para o litoral e outra para Santo Amaro. A ligação para o litoral seguia nessa época um percurso que se iniciava na rua da Glória, atravessava o Lavapés e tomava o caminho do Ipiranga até atingir São Bernardo e depois o alto da serra do Mar, descendo ao litoral pela calçada do Lorena. A outra estrada, conhecida pelo nome de "antigo caminho do carro para Santo Amaro", saía da atual avenida Liberdade e continuava pelas ruas Vergueiro, Domingos de Morais, Jabaquara e o antigo caminho do carril de ferro até chegar a Santo Amaro.

  No final da atual avenida Jabaquara, havia um entroncamento, próximo ao sítio da Ressaca, de onde saía um caminho que se conectava com a estrada para Santos.

- A oeste, outras duas estradas: a de Sorocaba e a de Itu. O caminho para Sorocaba passava pelo largo do Piques, seguia pela rua da Consolação, chegava até Pinheiros, depois Cotia, até atingir Sorocaba, que era um dos maiores entrepostos de compra e venda de animais de carga, recebendo alimárias provenientes até mesmo da região do rio da Prata. O que não é de admirar, pois no século XIX os viajantes e cientistas europeus que estiveram explorando as riquezas naturais do Brasil, como Spix e Martius, por aí passaram com destino a Sorocaba, numa rota que prosseguia pelas localidades de Itapetininga, Itapeva, Castro e Lajes até a região dos pampas. Tudo isso aponta para a grande importância econômica desde cedo representada por esse trajeto.

  Essa estrada tinha um entroncamento antes de Cotia, de onde partia uma outra que se dirigia até Itu, passando próximo à aldeia de Carapicuíba.

  A outra via de penetração nesse lado oeste era a que tomava o rumo das atuais avenida São João e rua das Palmeiras e continuava até a localidade de Perus, quando então se bifurcava: um ramal indo para Itu, e outro seguindo a rota dos bandeirantes rumo a Goiás, passando por Jundiaí.

- Ao norte, tomando a direção da rua Brigadeiro Tobias e dos campos da Luz, saía o caminho para Minas Gerais, passando por Juqueri, na região da Cantareira.

- A leste, o caminho para as cidades do Vale do Paraíba e a cidade do Rio de Janeiro, passando pelo Brás, pela Penha, por Lajeado e Mogi das Cruzes (fig. 4).

Essa rede viária foi a definidora de toda a estrutura de ocupação urbana da província de São Paulo, tendo sido utilizada como meio predominante de transporte até a chegada da ferrovia, em 1867. Por esse motivo, ela exerceu enorme influência no desenvolvimento intra-urbano da cidade de São Paulo, especialmente em sua parte mais central, local para onde todos esses caminhos convergiam.

As portas da cidade – Carmo e Glória e a constituição de uma "frente" voltada para o Tamanduateí

Observando-se a planta da cidade de São Paulo numa escala mais detalhada, percebe-se que todos os caminhos de tropa partiam da região do espigão central onde se localizava o Centro histórico paulistano.

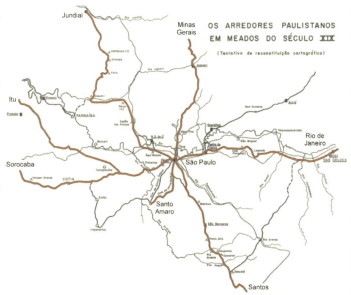

Fig. 4 - Os caminhos mais importantes da província, utilizados pelos tropeiros em meados do século XIX, eram os que se dirigiam para Sorocaba e Itu (a oeste), Santo Amaro e Santos (ao sul), Rio de Janeiro (a leste), Jundiaí e Minas Gerais (ao norte).

Fonte: Juergen Richard Langenbuch, *A estruturação da grande São Paulo: estudo de geografia urbana* (Rio de Janeiro: IBGE, 1971).

Seguindo um preceito básico e de bom senso da técnica de construção de estradas, os primeiros povoadores foram definindo os trajetos dessas vias de penetração sempre observando a topografia mais elevada, ou seja, guiando-se preferencialmente pelas linhas das cristas e a meia encosta do terreno, evitando os trajetos pelas várzeas.

Assim, na área central da cidade, todas as linhas divisoras de águas (vertentes) foram utilizadas por esses caminhos de tropeiros. Em meados do século XIX, a situação observada era a seguinte:

- As ruas da Liberdade e Vergueiro, divisor de águas entre o rio Tamanduateí e o Anhangabaú, definiam o início do novo caminho para o litoral, em substituição ao antigo trecho formado pelas ruas da Glória e do Lavapés.[10]

---

[10] Essa nova via seria, a partir de 1864, chamada estrada do Vergueiro, a primeira estrada de rodagem paulista, que unia diretamente o Centro de São Paulo ao de Santos. Vencia os declives da serra do Mar de forma mais suave através de um trecho chamado estrada da

Fig. 5 - Nesta planta-base de 1881, os antigos caminhos irradiam-se da colina histórica em todas as direções. O "marco zero", implantado na praça da Sé, simboliza o ponto de convergência de todas essas rotas.

Fonte: Prefeitura Municipal de São Paulo, "Planta da cidade de São Paulo" levantada pela Companhia Cantareira e Esgotos, Henry B. Joyner, 1881, em *São Paulo antigo: plantas da cidade*, cit.

- A rua de Santo Amaro seguia pelo espigão divisor de águas do ribeirão Saracura e do Anhangabaú.

- A rua da Consolação acompanhava o divisor de águas entre os vales dos rios Anhangabaú e Pacaembu.

- A avenida São João situava-se em cota elevada e ia em linha reta em direção ao ponto de mais fácil cruzamento do rio Tietê, próximo à Freguesia do Ó.

- A rua Florêncio de Abreu estava traçada sobre a crista do espigão entre o Anhangabaú e o Tamanduateí, e seria, com a rua Brigadeiro Tobias (em encosta), o caminho para atingir os campos do norte e a região da Cantareira.

- A rua do Carmo era a única que buscava o caminho descendente em direção à várzea do Tamanduateí, seguindo depois pela planície leste até o Brás (fig. 5).

Essa estrutura viária da cidade, que se irradiava por toda a província, possibilita assim um melhor entendimento das relações econômicas existentes entre a capital e o interior do país durante todo o século XIX.

Assim, pelo mapa acima exposto, percebe-se que os caminhos situados a sudoeste, oeste e norte conduziam a pontos de penetração já consolidados no território (Santo Amaro, Sorocaba, Itu, Minas Gerais) e a frentes pioneiras, sobretudo àquela direcionada pela expansão da economia cafeeira (Jundiaí, Campinas). Por outro lado, os caminhos situados ao sul e a leste eram as conexões da cidade com o mundo civilizado – o Rio de Janeiro e o exterior.

Cabe salientar que até os anos 1860 a economia cafeeira, que até então se desenvolvera predominantemente no Vale do Paraíba, já começava a se expandir para oeste, e era em grande parte escoada pelo porto de Santos. As tropas de mulas que vinham da região de Jundiaí carregando as sacas de café precisavam passar pela área central da cidade de São Paulo para poder tomar o caminho do litoral.

Maioridade, que fora aberto em 1841 em substituição à calçada do Lorena. Ver Secretaria dos Negócios Metropolitanos *et al.*, *Bens culturais arquitetônicos no município e na região metropolitana de São Paulo* (São Paulo: SENM/Emplasa/Sempla, 1984).

Provavelmente o trajeto urbano que aqui faziam era o seguinte: chegada pelo caminho do Pacaembu e pela rua da Consolação até atingir o Piques[11] (ou então chegando por Pinheiros e pela rua da Consolação). Do Piques subiam pela rua do Ouvidor e passavam pela Sé, atingindo finalmente a rua da Liberdade.

Com o aumento do trânsito nessa estrada, a passagem das tropas pelo Centro da cidade acabou causando imensos problemas à circulação da área. Foi então construída uma variante, desviando-se da Sé pela ladeira e rua do Riachuelo, prosseguindo depois pela atual rua Rodrigo Silva até atingir a rua da Liberdade (fig. 6).

Um comentário publicado no *Correio Paulistano* em 1854 alude ao grande caos provocado pela presença permanente nas praças e espaços públicos de carros e animais obstruindo tudo: "É raro o dia em que não sejamos testemunhas das disparadas de bestas pelas ruas, levando de rastros cangalhas ou cargas aos trambolhões pelo meio do povo, com grande risco de vida das pessoas que trabalham".[12] De fato, alguns anos mais tarde, em 1861, a municipalidade pedia auxílio ao governo provincial para o prolongamento da rua da Casa Santa (antiga denominação da rua do Riachuelo) até o largo do Bexiga, de maneira que a passagem da estrada de Santos a Jundiaí por dentro da cidade deixasse de cruzar sua parte mais central, no largo da Sé.[13]

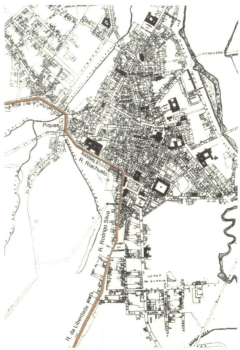

Fig. 6 - O grande movimento de tropeiros, proveniente das regiões de Sorocaba e Jundiaí, causava enorme tumulto ao cruzar o Centro da provinciana cidade de São Paulo em meados do século XIX. É por essa razão que por volta de 1860 é aberta a rua do Riachuelo, desviando todo esse trânsito da parte mais central da cidade. O trajeto desses tropeiros em direção ao litoral passaria então a ser: ruas do Piques, do Riachuelo, Rodrigo Silva e da Liberdade.

Fonte: Prefeitura Municipal de São Paulo, "Planta da cidade de São Paulo" levantada pela Companhia Cantareira e Esgotos, por Henry B. Joyner, 1881, em *São Paulo antigo: plantas da cidade*, cit.

---

[11] Aparentemente, o melhor trajeto a ser percorrido por aqueles que vinham de Jundiaí e entravam na cidade pela Água Branca era tomar a direção das ruas das Palmeiras e de São João, em vez de subir pelo caminho do Pacaembu (que passava pela atual avenida Higienópolis) e depois descer parte da rua da Consolação. Mas tal fato não ocorria, possivelmente porque o rio Pacaembu, em seu trecho inferior, devia apresentar obstáculos para uma passagem segura. Dessa forma, todas as tropas que chegavam à cidade, provenientes tanto de Jundiaí quanto dos caminhos de Sorocaba e de Itu, passavam necessariamente por esse trecho final da rua da Consolação, dirigindo-se até o Piques. Daí a justificativa da existência de uma importante igreja na rua da Consolação e de nenhuma ao longo do percurso Palmeiras–São João (a Igreja de Santa Cecília é de período posterior). A polarização de todo esse intenso trânsito na região do Piques mostra a relevância assumida por esse local na estrutura urbana. Posteriormente, o trajeto pela São João seria viabilizado, e, com a rua Formosa já aberta (1855), atingia-se mais facilmente esse logradouro.

[12] *Correio Paulistano*, São Paulo, 7-7-1854.

[13] Ernani da Silva Bruno, *História e tradições da cidade de São Paulo*, cit., p. 597.

A entrada da cidade pelas ruas da Glória e da Liberdade

O trajeto da região de Campinas–Jundiaí até Santos tornar-se-ia durante o século XIX o mais importante caminho da província. Em seu sentido oposto, do porto de Santos até São Paulo, é por onde chegavam alguns viajantes e estrangeiros. Daí a importância que essa "porta de entrada" sul da cidade passou a receber. A rua da Glória e a da Liberdade desembocavam em um largo, em que atualmente se situa a praça João Mendes, mas que na época era designado como Pátio da Cadeia e que, além da cadeia, abrigava também a Câmara Municipal e a Igreja dos Remédios.

Fig. 7 - Esta vista da entrada sul da cidade, tomada da rua da Liberdade, foi realizada pelo viajante alemão Thomas Ender quando esteve visitando São Paulo em 1817. Segundo Toledo,* "o desenho aquarelado nos mostra um ângulo surpreendente: à direita, ao longe, destaca-se a torre da Igreja do Carmo, no Vale do Tamanduateí; à esquerda, aparece o Vale do Anhangabaú, podendo-se ver a Igreja de São Francisco. Essa obra apresenta, portanto, um registro completo do Centro histórico e dos dois vales que o delimitam, a partir de sua face sul".

* Benedito Lima de Toledo, *Anhangabaú* (São Paulo: Fiesp, 1989), p. 24.
Fonte: Gilberto Ferrez, *O Brasil de Thomas Ender* (Rio de Janeiro: Fundação Moreira Salles, 1976).

Alguns cronistas, viajantes e administradores em meados do século XIX confirmam a relevância dessa estrada em relação às demais. Augusto Emílio Zaluar, que percorreu a estrada em 1860, refere-se a esse caminho como "o de mais trânsito que existe na província de São Paulo" e revela que "o trânsito de passageiros e tropas é aqui continuado e incessante".[14] A mesma impressão fora confirmada pelos viajantes americanos Daniel Parish Kidder e James Fletcher alguns anos antes: "Encontrei constantemente tropas de mulas carregadas de café, em sua caminhada para Santos, e outras que voltavam do litoral para o interior [...] Fui informado de que anualmente 200 mil mulas chegam com suas cargas a Santos".[15]

Langenbuch cita também uma outra informação extraída de um relatório provincial de 1858, que menciona como média mensal de trânsito pela estrada "cerca de 25 mil bestas e duzentos carros".[16] Esse número equivale a um trânsito diário de cerca

---

[14] Augusto Emílio Zaluar, *Peregrinações pela província de São Paulo (1860-1861)* (Belo Horizonte/São Paulo: Itatiaia/Edusp, 1975), p. 191.

[15] Daniel Parish Kidder & James C. Fletcher, *O Brasil e os brasileiros: esboço histórico e descritivo*, trad. Elias Dolianti, vol. 2 (Rio de Janeiro: Nacional, 1941), p. 65.

[16] Juergen Richard Langenbuch, *A estruturação da grande São Paulo: estudo de geografia urbana* (Rio de Janeiro: IBGE, 1971), p. 36.

de novecentas mulas e sete carros pela estrada. Considerando-se que grande parte desse movimento transitava de passagem pela área central de São Paulo,[17] pode-se imaginar o caos que essa circulação causava a uma pacata cidade que ainda não tinha 20 mil habitantes. Não é sem razão, portanto, aquele comentário do *Correio Paulistano* sobre essas tropas obstruindo todas as ruas e praças da cidade.

A entrada pela ladeira do Carmo

Uma outra "porta da cidade" muito importante nessa época era aquela que representava o elo de comunicação entre São Paulo e o mundo civilizado da Corte Imperial. Tratava-se da estrada para o Rio de Janeiro. É dessa direção que provinham os visitantes mais ilustres que a cidade recebeu durante o Oitocentos. Vindas daí, fossem membros do governo imperial ou viajantes europeus, essas pessoas chegavam com suas tropas pelo caminho do Brás, provenientes da direção de Mogi das Cruzes e da Penha.

Foi por essa "porta" que aqui chegaram Thomas Ender (1817), o botânico inglês William John Burchell (1827), os pintores Jean-Baptiste Debret (1827) e Armand Julien Pallière (1828), o escritor português Augusto Emílio Zaluar (1861) e provavelmente muitos outros que nos visitaram (Richards, Landseer, Mawe, Brighton, Florence, Kidder, Fletcher, Hildebrand) e que deixaram importantes registros narrativos e iconográficos da paisagem e da vida paulistana, mostrando a importância das atividades sediadas nessa encosta do Tamanduateí. Como mostra a foto ao lado, embaixo, nas margens do rio, as lavadeiras, o mercado e diversos entrepostos; acima, a igreja do Colégio com as casas que se estendiam pela rua do Carmo (fig. 8).

Fig. 8 - Esta vista da várzea do Tamanduateí foi retratada por Militão em 1860. A fotografia mostra o rio sendo utilizado pelas lavadeiras, numa época em que as casas não tinham água encanada e o serviço dessas profissionais era indispensável. A várzea abrigava diversos estabelecimentos comerciais, gerando aí um intenso movimento de tropeiros e animais de carga. A partir desse ano de 1860, o local passaria a sediar também o mercado da cidade. Na parte superior desta foto, à esquerda, aparecem os fundos do antigo Colégio dos Jesuítas, que na ocasião era utilizado como sede do governo provincial.

Fonte: Benedito Lima de Toledo, *São Paulo: três cidades em um século*, cit.

---

[17] Na verdade, nem todo o trânsito proveniente do interior da província precisava passar necessariamente pela capital. O tráfego advindo do Vale do Paraíba podia chegar até a estrada de Santos utilizando um atalho pela região de Rio Grande da Serra, desembocando próximo à serra do Mar. Mas o tráfego por esse trecho não devia ser significativo, uma vez que a região do vale estava mais vinculada aos portos do norte da província e do Rio de Janeiro do que propriamente a Santos. Além do mais, esse trecho de interligação apresentava condições precárias de tráfego (*ibid.*, p. 34).

Fig. 9 - Desenho de Ender realizado em 1817 mostrando a vista da colina central paulistana para quem se aproximava pelo caminho do Brás (atual avenida Rangel Pestana) proveniente do Rio de Janeiro.

Fonte: Gilberto Ferrez, *O Brasil de Thomas Ender*, cit.

Fig. 10 - Um outro viajante que esteve em São Paulo logo após Ender foi o botânico inglês William Burchell (1827), que retratou em aquarela a mesma paisagem da cidade avistada por quem chegava pela estrada do Rio de Janeiro.

Fonte: Gilberto Ferrez, *O Brasil do Primeiro Reinado visto pelo botânico William John Burchell: 1825-1829* (Rio de Janeiro: Fundação Nacional Pró-Memória, 1981).

As imagens registradas por esses viajantes constituem documentos iconográficos pioneiros sobre a paisagem paulistana. O alemão Thomas Ender foi um dos primeiros a retratar essa vista de entrada da cidade, quando, em 1817, chegava do Rio de Janeiro pelo caminho do Brás. Após alguns dias de estada aqui, desenhando outras vistas, comentou: "Diversos edifícios altos dão-lhe deste lado [o da várzea do Carmo] um imponente aspecto, distinguindo-se, sobretudo, o antigo Colégio dos Jesuítas, hoje residência do governador, o Convento das Carmelitas, o Palácio Episcopal"[18] (fig. 9).

Poucos anos mais tarde, Burchell, chegando da Corte, mostraria em uma aguada a frente principal da cidade, indicando com bastante precisão a fisionomia da colina central. O panorama é datado de 11 de abril de 1827 e foi tomado num ponto do caminho do Brás (hoje avenida Rangel Pestana), próximo à histórica figueira retratada à direita, em cujo local mais tarde seria aberta a rua da Figueira (fig. 10).

---

[18] Gilberto Ferrez, *O Brasil de Thomas Ender* (Rio de Janeiro: Fundação Moreira Salles, 1976), p. 309.

O caminho do Brás cruza o rio Tamanduateí por uma ponte de pedra (a Ponte do Ferrão) e galga a colina por uma ladeira que termina na Igreja do Carmo, cuja torre aparece à esquerda desse caminho (fig. 11). O aspecto do aglomerado urbano está ainda restrito ao alto da colina, com seus casarios de taipa caiados de branco. Os campanários das igrejas são os elementos de maior destaque na paisagem: da esquerda para a direita, é possível identificar a Igreja do Carmo, a de Santa Teresa, a da Sé e a do Colégio. Entre essas duas últimas situa-se um grande casarão, que seria depois o solar da marquesa de Santos,[19] em cujos fundos descia um caminho lateral, o beco do Pinto,[20] muito utilizado pelos escravos como atalho para o rio.

Fig. 11 - Armand Julien Pallière em 1828 retrata em aquarela outra vista da colina central tomada do mesmo ângulo das anteriores, só que agora ao lado do rio Tamanduateí, próximo à ladeira do Carmo. A torre que aparece ao centro é a da Igreja do Carmo. As outras são as do Convento de Santa Teresa e da Igreja Matriz da Sé.

Fonte: Benedito Lima de Toledo, *São Paulo: três cidades em um século*, cit.

A subida da rua do Carmo, por ser a continuação natural do caminho do Brás e da estrada do Rio de Janeiro, era uma importante porta da cidade. Debret, em sua passagem por São Paulo em 1827, retratou em esplêndida aquarela o aspecto dessa ladeira. Iniciando-se ao lado do barranco do Convento do

---

[19] Esse solar, construído em fins do século XVIII, na época desse desenho, pertencia ao brigadeiro Joaquim José de Morais Leme. A marquesa de Santos viria a adquiri-lo em 1834, transformando-o em uma das mais aristocráticas residências de São Paulo, que, por suas festas e saraus, passaria também a ser conhecido como "Palacete do Carmo". Atualmente o casarão abriga o Museu da Cidade. É o edifício residencial mais antigo de toda a área central, símbolo do apogeu vivido por essa face leste da cidade. Ver Secretaria dos Negócios Metropolitanos *et al.*, *Bens culturais arquitetônicos no município e na região metropolitana de São Paulo*, cit., p. 206.

[20] Também conhecido com o nome de "beco do Colégio", é uma antiqüíssima servidão de passagem que desde o século XVIII era utilizada pela população como acesso fácil entre a cidade alta e o rio Tamanduateí. Por aí passavam os escravos carregando os "tigres" – vasilhames com dejetos residenciais – para despejos no rio. Por aí também transitavam as lavadeiras, os aguadeiros e todos aqueles que se dirigiam aos entrepostos comerciais situados à beira-rio. Com a abertura da ladeira do Palácio (hoje rua General Carneiro), por volta de 1850, esse caminho perdeu a sua importância.

Fig. 12 - A gravura de Debret datada de 1827 mostra a ladeira do Carmo e o caminho do Brás vistos do alto da colina, próximo ao convento carmelita. Notar o intenso movimento de tropeiros em direção à estrada para a região do Vale do Paraíba e Rio de Janeiro.

Fonte: Secretaria do Estado da Cultura, *Jean-Baptiste Debret* (São Paulo: Secretaria do Estado da Cultura, 1984).

Carmo, o caminho cruzava a zona alagadiça do Tamanduateí, passava pela Chácara do Ferrão e prosseguia por um caminho ladeado de pequenas casas em direção à Igreja do Brás. É notável o movimento intenso das tropas chegando e saindo da cidade (fig. 12).

A impressão agradável dessa entrada da cidade havia sido notada por muitos desses viajantes vindos do Rio de Janeiro. Zaluar, em 1861, comentaria: "No extremo de uma paisagem infinita, acidentada com a elevação das colinas e o leito de aveludadas planícies, viam-se transparecer, por entre as verduras, as torres das igrejas e as paredes alvas das habitações da cidade de São Paulo, reclinada aos pés do Tamanduateí".[21]

A manutenção de uma aparência condigna a essa "fachada" da cidade chegou até mesmo a ser prescrita no Código de Posturas de 1875, que em seu artigo 25 dizia: "As frentes e outões das casas da cidade, bem como os fundos que deitarem para outras ruas e, *especialmente, para a várzea do Carmo*, serão caiados durante o segundo trimestre de cada ano civil; assim como no mesmo tempo serão pintadas as portas, janelas e batentes".[22]

A paisagem da colina voltada para a várzea manteria esse seu simbolismo durante a década de 1870. Não só para aqueles tropeiros que chegavam pelo caminho do Brás, mas também, no período posterior à construção da Estrada de Ferro do Norte, em 1875, para os viajantes provenientes do Rio de Janeiro que desembarcavam na Estação do Norte, atingindo o alto da colina pela então já existente ladeira do Palácio.

---

[21] Augusto Emílio Zaluar, *Peregrinações pela província de São Paulo (1860-1861)*, cit., p. 123.
[22] Código de Posturas, de 31-3-1875 (grifo nosso).

Nesses anos das décadas de 1870 e 1880, essas duas entradas da cidade (Carmo e Glória/Liberdade) passariam a sofrer a concorrência da Estação da Luz, a nova porta da cidade.

Embora a Luz não estivesse conectada diretamente com a Corte, ela o estava com o porto de Santos e com toda a riqueza proveniente do cultivo do café no Oeste paulista. A partir desses anos, o viajante ou o investidor estrangeiro que chegasse ao Brasil interessado em negociar as sacas de café poderia atingir diretamente São Paulo através do porto de Santos, sem necessariamente passar pelo Rio de Janeiro.

Nesse momento se inicia então uma nova polarização nos espaços centrais da cidade, induzidos pela presença da Estação da Luz em sua vertente norte. Os eixos de conexão entre a área central e as estações serão valorizados; e passarão por transformações, refletindo as novas necessidades advindas da mudança no cenário econômico e cultural do paulistano.

2º momento (1867-1892) – A implantação da ferrovia e da Estação da Luz

Novas diretrizes na estruturação do espaço urbano central

O trinômio café–ferrovia–imigração veio alterar profundamente as bases econômicas da província de São Paulo a partir de meados da década de 1860.

O café, que desde os anos de 1810 penetrara pelo norte da província, já ultrapassava, em meados do século XIX, os limites do Vale do Paraíba, conquistando os campos e os sertões do Oeste paulista, a começar por Jundiaí, Itu e Campinas.

> Em Campinas, a família Aranha tinha-o já cultivado em grande escala. O senador Vergueiro, na sua notável e importante fazenda em Ibicaba, no município de Limeira, trabalhando com trezentos escravos as excelentes terras do Morro Azul, acusava em 1847 a uma safra de 8 mil arrobas de açúcar e 12 mil de café, algarismo este que, pouco depois, com as plantações novas, devia elevar-se a 40 mil e levava o distinto lavrador e notável homem político a introduzir na sua fazenda quatrocentos colonos alemães, dando um belo exemplo de iniciativa privada e ao mesmo tempo uma prova de sábia previsão de estadista. Ibicaba, desde então, se tornou em São Paulo o tipo de fazenda de café que todos procuraram depois imitar [...][23]

---

[23] Teodoro Sampaio, "São Paulo do século XIX", em *Revista do Instituto Histórico e Geográfico de São Paulo*, vol. 6, São Paulo, 1902, pp. 159-205.

Nesses primeiros anos, toda a produção de café do interior paulista era escoada para o porto de Santos em carregamentos sobre muares, o que implicava imensas dificuldades para a transposição da serra do Mar e grande tempo despendido.

Enquanto o plantio de café se restringia às fazendas do Vale do Paraíba, tal escoamento fazia-se prioritariamente pelo porto do Rio de Janeiro; mas, quando as plantações ganham o Oeste paulista, torna-se fundamental viabilizar um meio mais eficiente de transporte para que a safra atinja rapidamente o porto de Santos. Tal eficiência vai ser atingida com a implantação de um novo sistema de transporte na província – a ferrovia.

Em 1860 é organizada em Londres a São Paulo Railway Company Limited, que passaria a ser conhecida aqui com o nome de "Companhia Inglesa", com o objetivo de construir uma estrada de ferro unindo Santos a Jundiaí. Essa companhia tinha sido criada com a intenção de incorporar os direitos de uma antiga concessão do governo imperial a esse serviço, datada de 1855 e cujos beneficiários eram José da Costa Carvalho (marquês de Monte Alegre), José Antônio Pimenta Bueno (marquês de São Vicente) e Irineu Evangelista de Sousa (barão de Mauá).

Em 1865, essa estrada de ferro já unia Santos a São Paulo; em 1867, atingia Jundiaí; e, em 1872, chegaria a Campinas, criando assim todas as condições favoráveis à expansão das fazendas de café pelos sertões além de Rio Claro.

Nesses anos 1870, inicia-se assim um intenso processo objetivando viabilizar esse empreendimento. Em 1871, os produtores dessa rubiácea criam a Associação de Colonização e Imigração, com o fim de importar mão-de-obra para trabalhar nas fazendas, dado o ótimo rendimento que o trabalho livre havia propiciado em algumas experiências pioneiras realizadas na região de Limeira.

Havia nessa época grande "fome de braços"', pois a expansão para o oeste era intensa. Novas ferrovias e ramais eram construídos, financiados por esses novos empreendedores da cafeicultura, como Martinho Prado, Clemente Falcão de Sousa Filho, os barões de Sousa Queirós, de Itapetininga, de Piracicaba, de Limeira e outros.

A malha ferroviária que se formava assim era toda convergente para a capital e daí seguia para Santos. O presidente da província em 1868, Joaquim Saldanha Marinho, foi quem mais impulsionou esse processo. A Companhia Paulista, complementando o trajeto da Inglesa, estenderia seus trilhos para Rio Claro, chegando até além de Descalvado; a Companhia Sorocabana, em operação a partir de 1872, levou seus trilhos para Sorocaba, Ipanema, Botucatu e Itapetininga, conectando-se com o traçado da Companhia Ituana. Outras companhias seriam criadas nesses mesmos anos 1870: a Bragantina, a Mogiana e a importante Companhia São Paulo e Rio de Janeiro, mais tarde Estrada de Ferro Central do Brasil.

Dessa forma, o impacto da rede ferroviária na província implicou, no âmbito da organização do espaço intra-urbano da capital, o fortalecimento de uma nova polarização ao redor da Estação da Luz.

Inaugurou-se assim um novo período, em que se confirmaria a configuração dessa segunda "porta" da cidade, que paulatinamente iria substituir aquelas duas primitivas – Carmo e Glória – existentes na várzea do Carmo. Novos condicionantes econômicos e um novo meio de transporte fizeram com que se relegasse ao passado o período dos tropeiros e a relevância definida por suas vias de comunicação.

Carmo e Glória perdem sua importância como portas de conexão com o mundo exterior, mas esse fato não implicará sua total decadência. A partir desse momento, esses dois eixos passam a desenvolver outras funções, agora no âmbito intra-urbano, relacionadas à interligação entre o Centro da cidade e a zona industrial e bairros operários da Zona Leste. Nesse sentido, a mudança em relação ao papel funcional desses eixos implicará certa desvalorização de seus espaços, pelo uso "menos nobre" que passam a abrigar. O que não significa que o local tenha perdido sua vitalidade e estagnado. Muito pelo contrário, nas décadas seguintes, os bairros situados a leste serão os que apresentarão o maior incremento populacional na cidade.

Esses anos das décadas de 1870 e 1880 constituem, portanto, o único momento da história paulistana em que os lados do norte assumem importância e induzem o processo de crescimento e valorização dos espaços centrais, sobretudo dos eixos de comunicação entre a Luz e o Centro da cidade – representado pelas ruas Florêncio de Abreu e Brigadeiro Tobias.

O impacto da presença das estações ferroviárias na estrutura urbana paulistana

As inúmeras conexões e ramais dessa rede ferroviária, que se instalava na província, chegavam todas do interior à cidade de São Paulo através dos trilhos das companhias Inglesa e Sorocabana. Estas tinham seus pontos de parada nas estações situadas na região da Luz, seguindo depois em direção a leste, passando pelo bairro do Brás, e daí prosseguindo até o litoral pelos trilhos da Inglesa.

Configuram-se assim, no espaço urbano paulistano, três pontos nodais de extrema importância, constituídos pelos locais de parada dessas ferrovias. A *Estação da Luz,* como porta de conexão para os prósperos fazendeiros provenientes do interior da província e também ponto de chegada dos estrangeiros e investidores vindos do exterior pelo porto de Santos; a *Estação Sorocabana* (depois Júlio Prestes), como ponto terminal da ferrovia da Companhia Sorocabana; e a *Estação do Norte,* como local de chegada dos trilhos da Companhia São Paulo–Rio, onde desembarcavam os viajantes e comitivas governamentais provenientes da capital do país (figs. 13 e 14).

A polaridade, de diferentes intensidades, exercida por cada uma dessas três estações, novos focos de comunicação da cidade com o exterior, vem alterar significativamente a importância anteriormente reservada à várzea sul do Carmo, local de partida dos caminhos de tropeiros para o Rio de Janeiro e para o litoral.

Figs. 13 e 14 - As primitivas estações da Luz e do Norte, a primeira em desenho de 1872 e a segunda retratada em 1914.

Fontes, respectivamente: Afonso de E. Taunay, *História da cidade de São Paulo* (São Paulo: Melhoramentos, 1954); e Geraldo Sesso Júnior, *Retalhos da velha São Paulo* (São Paulo: Gráfica Municipal, 1983).

Nessa várzea, o presidente da província João Teodoro Xavier de Matos realizara ainda no início desses anos 1870 diversas obras de melhoramentos, dessecando os campos inundáveis, retificando o rio e criando a Ilha dos Amores, um jardim público destinado ao recreio da população. Estas foram as últimas obras de relevância executadas nesse local até o fim do século.

O que se observaria então no último quartel do século XIX seria uma constante perda de importância da várzea do Carmo, que progressivamente ia transferindo seu prestígio para os novos locais de valorização da cidade, situados nas zonas mais salubres, próximas à Estação da Luz e aos campos planos do oeste.

Diversos fatores podem ser apontados para explicar esse processo de transferência da "porta de entrada" da cidade para o norte. Inicialmente cabe ressaltar que, das três novas estações ferroviárias construídas, uma delas, a da Luz, tinha uma relevância muitíssimo maior do que as outras. Era pela Estrada de Ferro Santos–Jundiaí que se exportava toda a riqueza produzida pela província. E era por ela que os cafeicultores realizavam suas viagens: da fazenda de café para a Europa, da fazenda para o palacete recém-construído na capital paulistana, da fazenda para o escritório comercial de exportação ou para as casas bancárias também aí situadas.

> São Paulo estava deixando de ser uma cidade de tropeiros. Agora, o café chegava a Santos mais rapidamente. A viagem da fazenda para a capital é rápida e confortável. Será possível, sem grande trans- torno, passar parte do ano em São Paulo e, talvez – por que não? –, morar na capital. O trem que desceu carregado de café pode, agora, subir com material de construção para se fazer uma casa igual àquela vista em alguma capital européia. É possível morar com desafogo e conforto na capital. Como na sede da fazenda, como na Europa.[24]

A partir de então, a acelerada expansão da economia impõe um ritmo de urbanização vertiginoso à capital, sem precedentes na história paulistana.

A população paulistana, que somava 31 mil habitantes em 1872 e levava São Paulo a ocupar o modesto posto de décima primeira cidade brasileira, atingiria, em 1886, o número de 47.696 pessoas. Em 1890 esse número se elevava para 64.934 e, dez anos depois, chegava à extraordinária marca de 239.934 habitantes, ficando, no entanto, ainda bem atrás do Rio de Janeiro, cuja população em 1900 já era de quase 700 mil habitantes[25] (fig. 15).

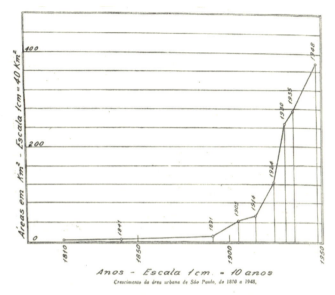

Fig. 15 - Este gráfico registra o crescimento da área urbanizada de São Paulo como decorrência das alterações econômicas advindas com a cultura do café. Notar o incremento da área da cidade após 1890, período em que se registrou a entrada de maior quantidade de imigrantes, correspondendo a uma taxa de crescimento anual de cerca de 30%.

Fonte: Luís Carlos Berrini, "São Paulo, cidade dispersa", em *Engenharia*, São Paulo, março de 1953.

Dessa forma, aquela acanhada cidade que, no momento da construção da ferrovia, mantinha sua área urbanizada limitada à colina central e a alguns focos de ocupação nos bairros de Santa Ifigênia e Brás, poucos anos depois, nas décadas de 1880 e 1890, passava a ocupar também as extensas áreas das chácaras que a circundavam.

---

[24] Benedito Lima de Toledo, *São Paulo: três cidades em um século* (São Paulo: Duas Cidades, 1983), p. 67.

[25] Odilon Nogueira de Matos, "A cidade de São Paulo no século XIX", em *Revista de História*, vol. 21-22, São Paulo, 1955, pp. 105-114; Giovanna Rosso del Brenna (org.), *O Rio de Janeiro de Pereira Passos* (Rio de Janeiro: Index, 1985), p. 601.

A polarização criada pela Estação da Luz não só passou a induzir as intervenções públicas em melhoramentos da infra-estrutura urbana, como também contribuiu decisivamente para a consolidação do processo de parcelamento dessas terras.

Assim, nessa dinâmica de expansão territorial, foram loteadas só nessa vertente norte e oeste da cidade a Chácara das Palmeiras (originando o bairro de Santa Cecília), a Chácara do Campo Redondo (bairro dos Campos Elísios e parte do de Santa Ifigênia), a Chácara do Marechal Arouche (bairro da Vila Buarque), a Chácara do Chá (Centro Novo), as chácaras de Sousa Barros e do Brigadeiro Tobias (entre a praça do Correio, o Paissandu e a Estação da Luz), e a Chácara do Carvalho (parte da Barra Funda e Bom Retiro), entre outras.

A importância do bairro da Luz

Quando a Estação da Luz foi construída, em 1867, o bairro da Luz, antigamente conhecido como campos do Guaré (ou do Guarepe), já era uma localidade importante da cidade. Era lá que se situava o caminho da Luz, que unia o Centro da cidade ao rio Tietê e às estradas que conduziam a Juqueri, Bragança e à província de Minas Gerais. No bairro estavam também localizadas quatro referências de grande importância histórica para os paulistanos: o Jardim Público, construído a partir de 1799, o Convento da Luz, o Seminário Episcopal e a Casa de Correção (fig. 16).

O bairro da Luz tem suas origens ligadas ao nome "guaré", designação de uma planta meliácea que era comum naquelas paragens. Os limites dos campos do Guaré eram definidos pela planície existente na região intermediária entre os rios Anhangabaú e Tietê, "estabelecendo uma diferenciação ecológica da Piratininga postada nas encostas da Cantareira, paragem de exuberância florestal plena de variedades botânicas, e da elevação orográfica onde se implantou a pequena acrópóle".[26]

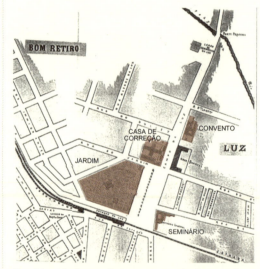

Fig. 16 - Na época da inauguração da ferrovia Santos–Jundiaí (1867) e da construção da primeira Estação da Luz, o bairro da Luz já era uma localidade de importância na cidade. Era lá que se situavam o Jardim Público, o Convento da Luz, o Seminário Episcopal e a Casa de Correção.

Fonte: Prefeitura Municipal de São Paulo, "Planta da capital do estado de São Paulo e seus arrabaldes", por Jules Martin, 1890, em *São Paulo antigo: plantas da cidade*, cit.

---

[26] Clóvis de Athayde Jorge, *Luz: notícias e reflexões*, cit., p. 20.

Essa região era originalmente dividida por um riacho, o ribeiro Guaré, que nascia próximo ao local onde se encontra o Jardim da Luz e despejava suas águas no Tamanduateí. Na época das chuvas, parte das águas inundava a região, formando um lago pleno de aguapés e matupás. As partes secas eram utilizadas como campo para o pastoreio de gado e cavalares. A planura do terreno, suas aguadas e sua proximidade à cidade acabaram tornando o local muito requisitado e valorizado para essas atividades.

A Igreja e o Convento da Luz

Junto ao caminho do Guaré, que cortava a região rumo ao Tietê, já se estabelecera desde o fim do século XVI uma ermida com a imagem de Nossa Senhora da Luz. A partir de então, tal caminho passaria a ser denominado "caminho de Nossa Senhora da Luz". Com o passar do tempo, a ermida seria transformada em capela, e bem mais tarde, no governo do capitão-general Morgado de Mateus, em 1774, foi inaugurado a seu lado o Recolhimento da Luz, que é até os dias de hoje o mais importante conjunto arquitetônico do período colonial existente na cidade.

O Jardim da Luz

Outra referência importante nessa parte da cidade é o Jardim da Luz. Inicialmente chamado de "Horto Botânico", foi criado em 1799, mas só veio a abrir suas portas ao público no ano de 1825. Em 1838 uma lei provincial alterava o seu nome para o de "Jardim Público". Em 1860, o governo provincial doou à Companhia Inglesa 44 m da frente do terreno para que fosse construída a Estação da Luz, o que implicou a remoção de inúmeras figueiras de grande porte aí sediadas e a descaracterização da primitiva simetria e paisagismo desse vergel.

Nos anos de 1868-1869, o presidente da província Cândido Borges Monteiro realizaria uma série de reformas e melhoramentos no parque, construindo um chafariz no centro da praça da Luz. Posteriormente, inúmeros outros melhoramentos e remodelações seriam empreendidos nesse local, principalmente entre os governos de João Teodoro e Antônio Prado. No fim dos anos 1920, com a construção do Parque da Água Branca, parte das atividades do Jardim da Luz seria para lá deslocada, o que acabou contribuindo decisivamente para a decadência do local.

O Seminário Episcopal

Outro marco significativo existente na região anteriormente a 1870 era o Seminário Episcopal, situado na avenida da Luz, bem em frente à Estação. Inaugurado em 1856 pelo bispo dom Antônio Joaquim de

Figs. 17 e 18 - Estas duas fotos do Seminário Episcopal, datadas respectivamente de 1887 e 1914, registram as reestilizações realizadas no edifício no início do século XX. O Seminário teve sua fachada reformada, com os beirais sendo substituídos por platibandas, as janelas coroadas com frontões e os torreões construídos junto às esquinas. Foi uma "maquiagem" (porque a reforma só foi realizada na fachada frontal) visando a que todas as pessoas que acabavam de desembarcar na Estação da Luz ou que se dirigiam ao Jardim Público tivessem uma impressão de modernidade. Tais intervenções estetizantes faziam parte dos ideais renovadores do início do período republicano, quando quase todos os marcos arquitetônicos do período colonial foram descaracterizados ou destruídos.

Fonte: Prefeitura Municipal de São Paulo, *Álbum comparativo da cidade de São Paulo*, organizado pelo exmo. sr. dr. Washington Luís Pereira de Sousa, prefeito municipal (São Paulo: s/ed., 1916).

Melo, era constituído por um grande sobrado colonial erigido de taipa, que ostentava inúmeras janelas e um telhado com largos beirais. Ao centro da construção, postava-se a Igreja de São Cristóvão, separando o conjunto em duas alas, a norte, onde se situava o Colégio Arquidiocesano, e a sul, onde ficava o Seminário propriamente dito. A construção, posteriormente, seria alterada, por ocasião das remodelações estilísticas empreendidas em todos os edifícios públicos no início do século XX. A fachada voltada para a avenida teve seus beirais substituídos por platibandas, foram erigidos torreões para os arremates com as esquinas, e as janelas ganharam frontões no coroamento. Na década de 1920, parte do Seminário foi demolida para a abertura da rua 25 de Janeiro. O edifício subsiste até os dias atuais como bem tombado, mas seu estado de conservação é precário (figs. 17 e 18).

A Casa de Correção

Além dessas três edificações de relevância, é importante também citar a existência, anteriormente a 1870, da Casa de Correção, um estabelecimento destinado à carceragem. Construída de taipa de pilão entre os anos de 1837 e 1852, abrigou presos comuns, subsistindo depois até o ano de 1972, quando foi demolida.

Os melhoramentos empreendidos pelo presidente João Teodoro

Talvez tenha sido pela relevância adquirida por essa nova parte norte da cidade que o presidente da província de São Paulo, João Teodoro Xavier de Matos, no início desse processo, realizou muitas de suas obras de melhoria da infra-estrutura urbana nessa região. Na verdade, ele estava criando as condições para que os campos da Luz se comunicassem de forma eficiente com o Centro histórico da cidade, com as outras estações e com os novos bairros de residência da elite paulistana, viabilizando assim a consolidação de um novo pólo de urbanização ao norte da cidade.

As obras realizadas pelo presidente João Teodoro – que foi, no dizer de Paulo Cursino de Moura, "o primeiro que realmente se interessou pelos problemas de urbanismo" – foram marcantes nesse momento de inflexão do crescimento da cidade. Suas intervenções foram tão modernizadoras para os padrões da época e assumiram um montante tão grandioso que sua gestão ficou conhecida como aquela em que se deu a "segunda fundação de São Paulo".

Em sua administração (1872-1875), foram então abertas novas vias comunicando o bairro da Luz com o do Brás (através das ruas São Caetano e João Teodoro), a Luz com os Campos Elísios (passando pela rua Helvétia), melhorando a acessibilidade ao Centro histórico (com a inauguração da primeira linha de bondes puxados por burros) e realizando melhorias no calçamento e na iluminação pública em toda a região.

O Jardim Público, pelo seu excepcional valor como espaço de lazer junto à nova estação ferroviária, recebeu as mais acuradas atenções desse presidente, de tal maneira que no fim de seu governo, em 1875, esse horto era considerado o mais bem cuidado da cidade, ponto de grande freqüência popular.

Durante seu mandato, foi resolvido o crônico problema de abastecimento de água do parque e da alimentação de seu tanque central, que foi embelezado com estátuas representativas das quatro estações do ano. Inúmeras mudas de árvores foram plantadas, e erigiu-se um mirante de 20 m de altura, de alvenaria de tijolos e com o formato de uma torre circular, que foi logo apelidada de "canudo do doutor João Teodoro".

Fig. 19 - Em fotografia datada de 1886, o Jardim da Luz é o parque mais bem conservado da cidade, sendo local de grande freqüência popular. Notar o tal "canudo" construído por João Teodoro com a função de ser o mirante da cidade.

Fonte: Ernani da Silva Bruno, *História e tradições da cidade de São Paulo* (Rio de Janeiro: José Olympio, 1954).

> O embelezamento do Jardim e sua vizinhança com a estação ferroviária criariam melhores condições de freqüência popular. Vez por outra, exibiam-se bandas militares ou outras funções artísticas. Porém, o que mais atraiu populares foi a exibição de aeronautas, especialmente a do mexicano Teobaldo Ceballos, que, a 20 e 30 de abril de 1876, fez duas ascensões em balões[27] (fig. 19).

[27] *Ibid.*, p. 58.

Figs. 20 e 21 – Na comparação entre os mapas de 1844 e 1881, é possível perceber o efeito indutor desempenhado pela Estação da Luz na estrutura da cidade. As ruas Florêncio de Abreu e Brigadeiro Tobias, rotas dessa conexão entre o Centro da cidade e as estações, são as que mais se desenvolvem. Parte do bairro de Santa Ifigênia é loteada nesse período.

Fontes, respectivamente: Prefeitura Municipal de São Paulo, "Mapa da cidade de São Paulo e seus subúrbios" feito por ordem do ex. sr. pres. o marechal-de-campo Manuel da Fonseca Lima e Silva, data aproximada de 1844-1848, em *São Paulo antigo: plantas da cidade*, cit.; e Prefeitura Municipal de São Paulo, "Planta da cidade de São Paulo" levantada pela Companhia Cantareira e Esgotos, Henry B. Joyner, 1881, em *São Paulo antigo: plantas da cidade*, cit.

A valorização dos eixos de conexão do bairro da Luz com o Centro da cidade

As ruas Brigadeiro Tobias e Florêncio de Abreu

O desenvolvimento do setor norte da cidade realizou-se, então, num primeiro momento, como conseqüência da presença dessas estações ferroviárias. Mas, logo a seguir, o bairro da Luz passaria a assumir também um papel imantador no processo de expansão do setor central da cidade.

Embora a Luz não tenha desempenhado função de centralidade urbana, as áreas compreendidas entre esse bairro e o Centro histórico assumiram essa vocação. Esse fato pode ser notado ao se analisarem as transformações advindas do impacto da ferrovia ao longo dos eixos de conexão da Luz com o Centro.

Observando dois mapas que permitem comparar a estrutura fundiária dessa região antes e depois da instalação da Estação da Luz (plantas da cidade datadas de 1844-1848, por ordem de Manuel da Fonseca Lima e Silva, e de 1881, da Companhia Cantareira e Esgotos), é possível notar dois fatos relevantes descritos a seguir (figs. 20 e 21).

Em primeiro lugar, ocorre relativo adensamento na ocupação do solo ao longo dos dois principais eixos de conexão com a Estação da Luz: as ruas Florêncio de Abreu (antiga rua da Constituição) e Brigadeiro Tobias (antiga rua Alegre). Essas duas vias já eram historicamente os caminhos de ligação do Centro da cidade com os campos da Luz.

A rua Florêncio de Abreu foi aberta durante o governo do capitão-geral Francisco da Cunha e Meneses, em 1785, e calçada em 1881 no governo do senador Florêncio de Abreu, quando então se chamava rua da Constituição. Esse caminho era originalmente quase todo em ligeiro declive na direção do Tietê e transpunha o vale do rio Anhangabaú na altura da atual rua Carlos de Sousa Nazaré, onde primitivamente existiu a "Ponte do Marechal", depois "Ponte do Miguel Carlos", em homenagem ao procurador Miguel Carlos Aires de Carvalho, que aí residira por volta de 1780.

Outra alternativa para se atingir esses campos da Luz era sair do Centro histórico pelo fim da rua da Imperatriz (depois 15 de Novembro), passar pelo largo do Rosário e descer pela ladeira de São João, atravessando o vale do Anhangabaú pela Ponte do Acu e depois seguir pela rua do Seminário, beirando a encosta pela rua Alegre até a Estação da Luz. Esse trajeto passava então por uma parte da cidade nova, situada na freguesia de Santa Ifigênia, e, de acordo com o que é possível perceber pela gravura de Debret, essa via já em 1827 era bastante utilizada e habitada. Portanto, desde bem antes da construção da ferrovia (fig. 22).

Fig. 22 - A rua de São João, retratada por Debret, em 1827, era o trecho inicial do antigo caminho do Guaré, que, desde os primeiros tempos, ligava a cidade aos campos de pastoreio existentes no bairro da Luz. Tal caminho prosseguia à direita, pela futura rua do Seminário. A Ponte do Acu, uma das primeiras construídas com pedra, era a mais bela da cidade.

Fonte: Benedito Lima de Toledo, *São Paulo: três cidades em um século*, cit.

Na verdade, parte desse trajeto tinha consolidação muito mais antiga, pois era utilizada pelos indígenas para se atingir os campos da Luz e o rio Tietê.

Outro fato que se pode constatar na comparação desses mapas é o referente à outra via alternativa – a rua da Conceição, que se constituiu em uma rota paralela à da Brigadeiro Tobias. Nesse período ela é ampliada e alargada, estendendo-se do largo de Santa Ifigênia até a Estação da Luz.

As fotos realizadas por Militão Augusto de Azevedo entre os anos de 1862 e 1887 são referências que registram as alterações processadas nessas ruas. As fotos comparativas das ruas Florêncio de Abreu e Brigadeiro Tobias retratam fielmente as fortes mudanças ocorridas na ocupação desses logradouros em função da chegada da ferrovia. A escolha desses locais para compor o álbum de fotos comparativas já denota por si só a importância que essas ruas tinham no contexto urbano paulistano da segunda metade do século XIX.

Por serem as rotas de conexão entre a Luz e o Centro comercial da cidade, essas ruas passam a abrigar uma série de residências de alto padrão, construídas segundo os cânones de uma nova estética e uma técnica construtiva que se aproximavam muito mais dos padrões do classicismo europeu do que da tradicional arquitetura colonial de origem lusitana.

Rua Brigadeiro Tobias

A primeira foto da rua Alegre (Brigadeiro Tobias), em 1862, foi tirada de seu trecho inicial, vendo-se ao fundo a rua do Seminário cruzando-a obliquamente. Nota-se que este é um segmento urbano bastante importante, dado o elevado grau de ocupação dos lotes. Na face esquerda os terrenos são bem maiores devido à sua grande profundidade, os quais se estendiam até a margem do rio Anhangabaú. O sobradão branco situado no início da rua, na sua vertente direita, pertencia ao brigadeiro Rafael Tobias de Aguiar, que pela sua importância como homem político, por duas vezes presidente da província, emprestou seu nome à rua.

A aparência colonial das residências construídas ainda de taipa, com seus telhados de duas águas e beirais extensos e sem recuos laterais ou frontais, diferencia-se bastante da que se vê na paisagem de 1887, tomada numa foto em um ponto próximo à esquina com a travessa do Bonde (hoje avenida Senador Queirós). Aí já se percebe a presença de elementos novos: iluminação pública a gás, calçadas e meio-fio, pavimento no leito carroçável e trilhos para os bondes de tração animal que serviam como transporte público. Os terrenos com grande testada abrigam jardins fronteiriços, atrás dos quais se situam edificações construídas em estilo neoclássico, como a sede da Beneficência Portuguesa (1876) e palacetes como o dos Pais de Barros e o dos Gavião Peixoto (figs. 23 e 24).

Figs. 23 e 24 - As fotos realizadas por Militão na rua Brigadeiro Tobias, em 1862 e 1887, registram esse momento inicial de transformações, decorrentes da construção da Estação da Luz. Velhas casinhas de taipa, geminadas, com implantação tradicional, cedem lugar a suntuosas mansões construídas em estilo neoclássico e recuadas das divisas do lote, como a residência onde aparece o gradil pertencente à família Pais de Barros. A tomada da cena foi realizada próximo à esquina da atual avenida Senador Queirós, olhando-se para o lado da cidade.

Fonte: Prefeitura Municipal de São Paulo, *Álbum comparativo da cidade de São Paulo 1862-1887-1914*, organizado pelo exmo. sr. dr. Washington Luís Pereira de Sousa, prefeito municipal (São Paulo: Duprat, 1914).

Na foto de 1887, a Beneficência Portuguesa situa-se na calçada direita, na altura em que está o terceiro lote. O extenso gradil da foto pertencia à mansão do segundo barão de Piracicaba (um Pais de Barros). Situada na esquina com a atual avenida Senador Queirós, apesar de seu estilo neoclássico e de sua implantação moderna no lote (com recuos frontais e laterais), era construída ainda com a tradicional técnica da taipa de pilão. Segundo Carlos Lemos, tratava-se de uma das últimas construções senhoriais paulistanas erigidas com esse material[28] (figs. 25 e 26).

Existe também um fato muito interessante a ser notado aí, como aponta ainda esse autor. A importância histórica dessa rua e sua relevância no contexto urbano haviam induzido alguns de seus primitivos moradores, como os Gavião Peixoto, a adotar precocemente o estilo neoclássico em suas residências. Outras fotos de Militão datadas de 1862 mostram que nessa rua já existiam construções neoclássicas datadas dos anos 1850 – as primeiras observadas em São Paulo –, provavelmente antigas sedes de fazenda, construídas de taipa e adaptadas para esse novo estilo.

Essas residências podem ser identificadas na foto de 1862, tomada a partir da travessa do Bonde (atual avenida Senador Queirós) em direção à Luz. São as duas últimas do lado direito da foto, antes do arvoredo (fig. 27).

Na foto de 1887, tomada do mesmo local, a rua Brigadeiro Tobias já aparece sendo percorrida por linhas de bonde e coches, comunicando as estações com os hotéis do Centro da cidade. O uso residencial ainda predomina, com edificações reformadas e adequadas aos novos estilos (fig. 28).

---

[28] Carlos Alberto Cerqueira Lemos, *Alvenaria burguesa,* tese de livre-docência (São Paulo: FAU-USP, 1983), p. 123.

Fig. 25 - A mansão dos Pais de Barros (pertencente ao segundo barão de Piracicaba), apesar de seguir tendência estilística moderna, adota ainda a técnica construtiva tradicional, com taipa de pilão, tendo paredes de até 90 cm de espessura. Foi construída por volta de 1870. Tirou-se a foto em fins da década de 1920.

Fonte: Carlos Alberto Cerqueira Lemos, *Alvenaria burguesa,* tese de livre-docência (São Paulo: FAU-USP, 1983).

Fig. 26 - Outra grandiosa edificação erigida nessa rua foi a sede da Beneficência Portuguesa, um dos mais importantes hospitais da cidade, inaugurado em 1876. A rua Brigadeiro Tobias, pela sua relevância no contexto urbano da época, abrigaria as primeiras manifestações do estilo neoclássico em São Paulo.

Fonte: Carlos Alberto Cerqueira Lemos, *Alvenaria burguesa,* tese de livre-docência, cit.

Fig. 27 - Esta fotografia de 1862 foi tomada quase do mesmo ponto das anteriores (figs. 23 e 24), mas olhando-se para o sentido oposto, em direção à Luz. Ao fundo, do lado direito, as duas importantes residências da família Gavião Peixoto.

Fig. 28 - A mesma tomada de cena anterior (fig. 27), na rua Brigadeiro Tobias, mas agora datada de 1887, num momento em que a rua já era transitada por uma linha de bondes unindo a Estação da Luz ao largo do Carmo. As edificações novas já têm dois andares e trazem influências da mão-de-obra imigrante tanto no estilo quanto nos materiais construtivos. O estilo "chalé" foi moda no fim do século.

Fonte: Prefeitura Municipal de São Paulo, *Álbum comparativo da cidade de São Paulo 1862-1887-1914*, organizado pelo exmo. sr. dr. Washington Luís Pereira de Sousa, prefeito municipal), cit.

Figs. 29 e 30 - Estas duas residências dos Gavião Peixoto, no final da rua Brigadeiro Tobias, foram também fotografadas por Militão em 1862. Mostram os exemplos pioneiros de edificações adotando o estilo neoclássico em São Paulo, antecipando-se até mesmo ao estilo similar trazido pelos mestres-de-obra imigrantes. São sedes de antigas chácaras, construídas de taipa e com motivos decorativos executados de alvenaria de tijolos.

Fonte: Carlos Alberto Cerqueira Lemos, *Alvenaria burguesa*, tese de livre-docência, cit.

Nas figuras 29 e 30, observa-se que a primeira, de um só pavimento, era uma antiga sede de chácara que foi reformada, e a segunda, um sobrado mais moderno – mas ambas adotando essa nova estética.

O chalé, muito em moda em fins do século XIX (por influência dos ingleses que vieram para construir a ferrovia), introduz novos padrões arquitetônicos, como os telhados com a cumeeira perpendicular à rua e lambrequinados nos beirais. Um elemento de modernidade presente só em ruas de maior importância.

Rua Florêncio de Abreu

A rua Florêncio de Abreu desde o século XVIII serviu como rota de comunicação entre a parte norte da colina central (onde se situava o largo de São Bento) e o rio Tietê, passando pelos campos da Luz. Teve ao longo do tempo diversas denominações: rua do Miguel Carlos, rua da Constituição, até que, no fim do século XIX, assumiria seu nome definitivo, em homenagem ao senador Florêncio Carlos de Abreu e Silva.

Ao lado (figs. 31 e 32), duas fotos tiradas próximo à ladeira da Constituição. Olhando-se para o largo de São Bento, percebe-se que em 1862 predomina o uso residencial na rua. No lado esquerdo da foto, antigas casas de padrão simples, com os quintais de fundo voltados para o grande despenhadeiro que ia dar no rio Tamanduateí, próximo ao trecho onde os meandros fluviais eram designados como "sete voltas". Casas que já constavam de um antigo mapa da cidade levantado pelo engenheiro Carlos Abraão Bresser, em meados da década de 1840.

No lado direito da foto, a torre de São Bento, sendo seguida pelo corpo do Mosteiro com a vegetação de seu terreno de fundo.

Figs. 31 e 32 - A rua Florêncio de Abreu era a outra via de conexão entre o Centro da cidade e a Estação da Luz. As fotos são datadas, respectivamente, de 1862 e 1887. A última delas apresenta novas edificações em estilo classicizante, obras de *capomastri* italianos. As casas do lado esquerdo (provavelmente pertencentes ao Mosteiro de São Bento) tiveram seu aspecto exterior melhorado por influência de dispositivos dos Padrões Municipais de 1875 e 1886, que obrigavam à pintura anual de suas partes externas.

Fonte: Prefeitura Municipal de São Paulo, *Álbum comparativo da cidade de São Paulo 1862-1887-1914*, organizado pelo exmo. sr. dr. Washington Luís Pereira de Sousa, prefeito municipal), cit.

Fig. 33 - A Florêncio de Abreu, em 1887, retratada num ponto próximo ao pontilhão sobre o ribeirão Anhangabaú. Com exceção dos dois edifícios inspirados no estilo chalé, esse trecho da rua apresenta menos indícios de renovação, provavelmente por estar situado em ponto mais distante da área central.

Fonte: Prefeitura Municipal de São Paulo, *Álbum comparativo da cidade de São Paulo 1862-1887-1914*, organizado pelo exmo. sr. dr. Washington Luís Pereira de Sousa, prefeito municipal, cit.

Ao se comparar essa foto com a outra tirada por Militão em 1887, compreendem-se melhor os impactos produzidos pela Estação da Luz.

No âmbito da infra-estrutura urbana, observam-se melhorias na pavimentação do leito carroçável e das calçadas, a introdução de iluminação pública com combustores a gás e linhas de bonde de tração animal. Os lotes recém-ocupados apresentam construções adotando soluções técnicas e estilísticas mais modernas, advindas de novas regulamentações edilícias e da influência cultural de imigrantes europeus: alvenaria de tijolos, utilização de porões altos para efeito de salubridade, adoção do estilo eclético e do chalé, recuo lateral com a introdução de varanda, etc. O primeiro sobrado à direita (fig. 32) é um belo exemplar de obra de *capomastro* italiano – uma elegante residência construída em 1884 para o coronel Teixeira de Carvalho.[29]

Os lotes já ocupados com antigas edificações coloniais mantêm-se iguais, melhorando-se apenas alguns aspectos do seu acabamento externo, decorrência certamente das recomendações expressas no Código de Posturas de 1875, que obrigava à pintura anual das fachadas. Especialmente daquelas com os fundos voltados para a várzea do Carmo – medida essa que se aplicava às casas situadas desse lado da Florêncio de Abreu.

Uma outra foto de 1887 (fig. 33) tomada próximo à Ponte da Constituição, e olhando-se para os lados da Luz, mostra menos alterações. Pouca renovação arquitetônica nos lotes de edificação antiga, e a presença da modernidade manifestando-se em um único local, à direita, onde provavelmente ocorreu verticalização com alvenaria de tijolos em estilo chalé sobre uma antiga construção de um só pavimento. As poucas mudanças nesse trecho devem-se a seu maior distanciamento da área central.

A valorização desses eixos de conexão com o centro

A comparação das fotos dessas duas principais vias de comunicação entre a Estação da Luz e o Centro da cidade permite assim perceber que dos anos 1860 aos anos 1880 as maiores transformações foram

---

[29] Essa residência existe até os dias de hoje, e foi tombada pelos governos estadual e municipal. Ver Secretaria dos Negócios Metropolitanos et al., *Bens culturais arquitetônicos no município e na região metropolitana de São Paulo*, cit., p. 210.

registradas ao longo da rua Brigadeiro Tobias, com os modernos palacetes e edifícios institucionais aí construídos. No entanto, em termos de importância para essa conexão viária, a rua Florêncio de Abreu acabaria assumindo papel preponderante, pois seria por ela que transitaria a maior parte das linhas de transporte coletivo em direção aos bairros situados ao norte, oeste e leste da cidade (para a Ponte Grande, Santa Cecília, Brás, Bom Retiro, Campos Elísios). Por ser mais larga e plana que a Brigadeiro Tobias, era mais apropriada para o trânsito dos bondes puxados por burros, e por esse motivo acabaria desenvolvendo uma característica comercial maior.

Pela rua Brigadeiro Tobias transitavam algumas diligências (carros particulares) e bondes, mas em proporção menor. Uma das linhas mais nobres da cidade – a que unia a Estação da Luz ao Centro – passava por lá. "Os veículos desciam pela rua da Estação (Mauá), seguindo pela rua Alegre (Brigadeiro Tobias), atravessavam a Ponte do Marechal e dali subiam para o largo de São Bento."[30] Na verdade, essa foi a primeira linha paulistana de bondes de tração animal, inaugurada em 1872, unindo a Estação da Luz ao largo do Carmo. Pertencia à Companhia Carris de Ferro de São Paulo.

A valorização desses espaços próximos à Luz perduraria até meados da década de 1890, pois, com a construção do Viaduto do Chá, novos roteiros seriam definidos. Assim, a ligação da Luz com o Centro da cidade passaria a ser realizada por ruas situadas no plano elevado do tabuleiro de Santa Ifigênia, e não mais por suas encostas. Dessa forma, ruas como a da Conceição e Dom José de Barros viriam a substituir a Brigadeiro Tobias, por se conectarem mais facilmente ao novo viaduto e à região do Triângulo.

Outros melhoramentos no bairro da Luz

Durante esse período compreendido entre a implantação da ferrovia e o fim do século, a região situada na vertente norte da cidade passa por outras alterações como decorrência da valorização causada pelas estações.

Além de extensas áreas que foram urbanizadas até as margens do Tietê, dando origem aos bairros do Pari, Bom Retiro, partes de Santa Ifigênia e Campos Elísios, cabe ressaltar os melhoramentos realizados nas proximidades da Estação da Luz e ao longo da avenida da Luz.

Assim, aos marcos histórico-arquitetônicos tradicionais da região (Jardim Público, Convento da Luz, Seminário Episcopal e Casa de Correção) foram acrescentados outros, de uso institucional e situados à margem dessa avenida. O engenheiro e arquiteto Francisco de Paula Ramos de Azevedo foi o res-

---

[30] Ernani da Silva Bruno, *História e tradições da cidade de São Paulo*, cit., p. 1074.

Fig. 34 - No fim do século XIX, o bairro da Luz viveu sua época de apogeu, atraindo diversos empreendimentos públicos de vulto. Esses edifícios – marcos do novo governo republicano – foram todos construídos por Ramos de Azevedo: o Quartel da Força Pública (1892), a Escola Modelo Prudente de Morais (1895), a Escola Politécnica (1896) e o Liceu de Artes e Ofícios (1900). Em 1901 seria inaugurada a nova Estação da Luz, uma imensa estrutura inteiramente importada da Inglaterra. A paisagem da estação, com a avenida, o parque e os edifícios públicos, era o cartão de visitas da cidade.

Fonte: Prefeitura Municipal de São Paulo, "Planta da capital do estado de São Paulo e seus arrabaldes", por Jules Martin, 1890, em *São Paulo antigo: plantas da cidade*, cit.

ponsável pela construção de todos esses novos símbolos do governo republicano, erigidos durante a última década do Oitocentos. Foram eles: o Quartel da Força Pública (1892), a Escola Modelo Prudente de Morais (1895), a Escola Politécnica (1896) e o Liceu de Artes e Ofícios (1900) (fig. 34).

A própria avenida da Luz também passa por uma fase de grandes alterações. Antônio Egídio Martins referia-se a essa via como um local que, em 1875, "se parecia mais com um pátio de fazenda, pois os seus moradores mantinham nela todas as espécies de criações, sendo que era muito raro o morador que não tivesse soltas na rua umas vinte ou trinta galinhas".[31]

No início do século XX, entretanto, o cenário já seria bem distinto, pois na gestão de Antônio Prado ela seria totalmente calçada e alargada seguindo o alinhamento do Jardim da Luz.

O bairro dos Campos Elísios foi um outro empreendimento decorrente da influência das estações ferroviárias. O local, onde ainda nos anos 1870 situava-se uma antiga chácara, a Chácara Mauá, foi adquirido em 1879 pelo alemão Frederico Glette e seu sócio Vítor Nothmann e logo a seguir loteado, permitindo a seus proprietários, com a venda dos lotes, um excepcional lucro, equivalente à soma de oito vezes o capital investido.

A planta da Companhia Cantareira e Esgotos data de 1881 já apresenta o traçado desse novo loteamento incorporado à área de expansão oeste do bairro de Santa Ifigênia. As ruas pertencentes aos Campos Elísios eram, entre outras, a dos Protestantes, do Triunfo, dos Andradas, dos Gusmões, General Osório, Duque de Caxias, Barão de Piracicaba, Nothmann, Glette e Helvétia, esta última fazendo a conexão viária entre o bairro e a Estação da Luz.

Por fim, cabe mencionar as alterações produzidas na própria Estação da Luz. Em 1896 seria iniciada a construção da nova *gare*, uma monumental estrutura metálica de 150 m de comprimento, que cobriria um grande pátio todo em

---

[31] Antônio Egídio Martins, *São Paulo antigo (1554 a 1910)* (São Paulo: Conselho Estadual de Cultura, 1973), p. 166.

escavação. O edifício foi projetado na Inglaterra – de onde foram trazidos todos os seus elementos construtivos – e ficou concluído em 1901.

Na virada do século, esse imponente edifício, com sua torre, marcaria a paisagem da cidade, constituindo o símbolo por excelência de uma cidade que pouco tempo depois já seria a "Metrópole do Café".

> Sua construção criou um novo centro focal em São Paulo; e sua implantação se beneficiou com a proximidade do Jardim Público, como nessa época era chamado o Jardim da Luz. O conjunto Estação–Jardim transformou-se num dos cartões-postais de São Paulo, para tanto contribuindo a vista desafogada que se tinha da avenida Tiradentes. Além disso, a região contava com edifícios de grande interesse histórico, como o Convento da Luz e o Seminário Episcopal, que àquela época eram cercados de amplos jardins densamente arborizados.[32]

A conseqüente desvalorização da várzea do Carmo

A entrada e a frente da cidade voltadas para o Tamanduateí passam então a ser preteridas, em benefício dessa "face norte" voltada para a região das estações.

A dinâmica intra-urbana do crescimento paulistano viria a direcionar e transferir os pontos mais valorizados da cidade para os lados do norte e oeste, fazendo com que se ocupassem as partes planas e salubres situadas entre o vale do Tietê e o espigão do Caaguaçu (onde se construiu a avenida Paulista). De tal forma que aí é que se instalariam os bairros destinados às populações de alta renda, atraindo conseqüentemente a maior parte dos investimentos públicos e as ações de melhoria da infra-estrutura urbana.

Os obstáculos até então bastante difíceis de ser superados existentes a leste, em razão da presença da várzea inundável do Tamanduateí, contribuíram também para o progressivo abandono – e conseqüente desvalorização – dessa vertente da cidade.

Abandono, ao que parece, apenas parcial. Pois essa região continuava ainda a servir como ponto de conexão com o Rio de Janeiro, só que agora não mais pelo caminho do Brás e pela ladeira do Carmo (vertente sul da várzea), como na época de Burchell (1827), mas pela Estação do Norte, situada na vertente norte dessa várzea, cujo acesso ao Centro fazia-se pela rua do Gasômetro e ladeira Municipal (hoje ladeira General Carneiro).

---

[32] Benedito Lima de Toledo, *São Paulo: três cidades em um século*, cit., p. 82.

Além disso, como já foi mencionado, o local passaria por uma redefinição de seu papel funcional, tornando-se rota de conexão com os populosos bairros da região leste.

O cronista Firmo de Albuquerque Diniz (ou Junius), que esteve em visita à capital em 1882, relata que esse trajeto da Estação do Norte até o Centro era feito em dez minutos, até se atingir o Grande Hotel, na rua de São Bento. O transporte utilizado na época eram os carros de aluguel movidos a tração animal, disponíveis na estação.

Os comentários que Junius faz sobre a várzea do Carmo, parte desse trajeto, mostram também que, apesar das disposições legais de se procurar manter uma aparência de dignidade nessa parte da cidade, ela já estava sendo vitimada por sinais de abandono. Essas observações foram constatadas pouco tempo após os trabalhos de melhoramentos empreendidos por João Teodoro, que entre 1872 e 1875 saneara o local e retificara o rio, dando origem à Ilha dos Amores, um idílico parque destinado ao lazer da população:

> A ilha está à margem direita do rio Tamanduateí na extensa várzea do Carmo; quem descendo pela rua Municipal [hoje ladeira General Carneiro] encaminhar-se para o aterrado do Gasômetro observará um curioso contraste, logo que chegar à primeira ponte; terá à sua direita a ilha ajardinada e à sua esquerda o depósito de lixo, distante dali poucos passos.

> Se não quiser olhar para as flores e aspirar seus perfumes, pode volver-se para a esquerda, e encontrará variedade de objetos, muito agradáveis aos olhos, tais como ossos, sapatos velhos, latas enferrujadas, colchões e travesseiros apodrecidos e o mais [...] No inverno não se pode estar ali, porque toda a várzea é varrida pelo vento sul, bastante frio e úmido; no verão, tempo das chuvas, fica ela em parte alagada pelo transbordamento do Tamanduateí, e algumas vezes pelas águas do Tietê, que se encontram com as daquele.

> Nos dias que sempre se sucedem aos de chuva, dias de calor, quem for à ilha há de arriscar-se a voltar a casa trazendo o germe de grave moléstia: a temperatura elevada, nessa estação, a umidade do solo e do subsolo, e a decomposição de detritos orgânicos naturalmente desenvolverão elementos mórbidos[33] (fig. 35).

Outro cronista, Alfredo Moreira Pinto, teria a mesma sensação anos mais tarde (1900), numa época em que já estava definitivamente consolidada a polaridade da cidade voltada para as estações e os bairros a oeste:

---

[33] Firmo de Albuquerque Diniz, *Notas de viagem*, vol. V da Col. Paulística (São Paulo: Governo do Estado de São Paulo, 1978), p. 73.

Para quem desembarca na Estação do Norte, da Estrada de Ferro Central do Brasil, o aspecto da cidade não impressiona bem. Com efeito, o viajante depara logo com o Brás, arrabalde muito populoso, mas que não prima pelo asseio nem pela beleza de seus prédios particulares; depois passa por uma extensa várzea, muito maltratada, da qual avista a cidade em um alto com os fundos de casas voltados para o viajante.[34]

Assim, a partir da década de 1880, os investimentos públicos passam a se concentrar nos novos e elegantes bairros de Campos Elísios, Higienópolis e região da Paulista. A várzea do Carmo permanece relegada ao descaso, abrigando terrenos alagadiços e depósitos de lixo, e sendo, segundo os parâmetros sanitários da época, um "foco de epidemias e doenças pestilenciais".

Algumas tentativas de melhorias foram feitas durante os primeiros anos do governo republicano, mas seria somente na década de 1910 que a região receberia um projeto global de recuperação. Elaborado pelo urbanista francês Bouvard em 1911, teve os trabalhos iniciados em 1914, com a constituição da Companhia da Várzea do Carmo durante a gestão do prefeito Washington Luís.

Fig. 35 - Os melhoramentos empreendidos pelo presidente da província João Teodoro, em 1874, deram origem a uma pequena restinga de terra que foi ajardinada e recebeu o nome de Ilha dos Amores. Em 1888, o pequeno canal que separava a ilha da rua 25 de Março foi obstruído, destruindo-se a ilha e as instalações de banhos públicos ali existentes. Sinal do abandono e descaso que vitimaram o local no fim do século.

Fonte: Afonso A. de Freitas, *Dicionário histórico, topográfico, etnográfico ilustrado do município de São Paulo* (São Paulo: Gráfica Paulista, 1929).

Em 1922, por ocasião das comemorações do Centenário da Independência, o novo parque já estava concluído. Nele estava sediado um pavilhão de exposições industriais e agrícolas – o Palácio das Indústrias, símbolo da modernidade do país diante dos visitantes estrangeiros convidados para o evento. Seu nome passaria a ser então Parque Dom Pedro II, em homenagem ao translado dos restos mortais do imperador, de Portugal para o Brasil, ocorrido em 1920.

O período de predominância da valorização dessa face norte da cidade e de seus eixos de acesso vai se estender até a década de 1890, quando progressivamente se inicia o processo de ocupação de seu lado oeste.

---

[34] Alfredo Moreira Pinto, *A cidade de São Paulo em 1900*, vol. XIV da Col. Paulística (São Paulo: Governo do Estado de São Paulo, 1979), p. 24.

Esse terceiro e posterior momento está diretamente associado às melhorias na interligação entre o Centro tradicional da cidade e o bairro do Chá. A construção do Viaduto do Chá em 1892 vem marcar o início desse período. As comunicações da Estação da Luz com o Centro passam a ser realizadas por novos trajetos, totalmente planos, através de ruas largas e modernas. Evitavam-se assim os inconvenientes daqueles tradicionais acessos voltados para o lado norte, como os desníveis existentes no percurso pela rua Brigadeiro Tobias ou os congestionamentos dos largos do Rosário e de São Bento, partes do percurso pela Florêncio de Abreu.

Além disso, após 1892, inúmeros outros fatos alterariam esse processo, redirecionando definitivamente os espaços mais valorizados da cidade para outros rumos. É a partir desse ano que se intensifica a ocupação do bairro dos Campos Elísios, ocasião em que também são lançados dois empreendimentos imobiliários de fundamental importância para a ocupação dos lados oeste e sul da cidade: o Boulevards Burchard (depois bairro de Higienópolis) e a avenida Paulista.

3º momento (1892-1917) – A ocupação da vertente oeste da cidade e sua influência na área central – A realização dos melhoramentos no Anhangabaú

Fatores indutores para a valorização do setor oeste da cidade

Implantação de sistema de abastecimento de água

A existência de água potável facilmente disponível é uma condição preliminar e fundamental para que qualquer local possa ser ocupado e urbanizado. Onde não há água, o ser humano não se estabelece. Esse princípio elementar acabou influenciando enormemente o processo de urbanização da cidade de São Paulo durante o último quartel do século XIX.

Os limites de ocupação da mancha urbana ficaram durante mais de três séculos restritos unicamente à colina histórica. Até meados do Oitocentos, esse fato se explica pela dimensão reduzida da capital paulista, cuja população pouco excedia os 20 mil habitantes. O abastecimento de água à população era realizado até então por chafarizes e poços.

A partir do momento em que a expansão da economia cafeeira faz com que o crescimento da cidade adquira um novo ritmo, os antigos chafarizes e fontes naturais não conseguiram mais suprir a demanda de abastecimento de água por parte da população. Demanda essa que se tornou altíssima em face da capacidade existente, pois, somente no período compreendido entre 1860 e 1890, a cidade de São Paulo teve sua população quadruplicada.

Na área central esses chafarizes eram em geral situados em largos, locais a que se chegava pelas estreitas ruas centrais, e onde os animais de carga, os tropeiros e os escravos podiam se concentrar para fazer a coleta da água. Essa atividade gerava bastante tumulto, o que causava constantes protestos por parte dos moradores mais próximos. Antônio Egídio Martins narra um caso sucedido por ocasião da construção do chafariz da Misericórdia, em 1793:

Fig. 36 - Em 1870, no largo da Misericórdia (na rua Direita), existia um dos mais importantes chafarizes da cidade, construído por Tebas em fins do século XVIII.

Fonte: Ernani da Silva Bruno, *História e tradições da cidade de São Paulo*, cit.

> Uma antiga família paulista, que residia, naquela época, no largo da Misericórdia, bastante contrariada por haver sido construído no referido largo aquele chafariz, após a inauguração deste mudou-se dali para a rua Tabatingüera, dando como principal motivo da sua mudança o fato de não poder suportar as cenas desagradáveis que era de costume darem-se no lugar do aludido chafariz entre os carregadores de água, os quais, na sua maioria, eram escravos[35] (fig. 36).

Ao longo do século XIX, outros chafarizes foram sendo construídos em diversos logradouros da área central: o do Piques, o do largo de São Francisco, o do largo do Rosário, o do Miguel Carlos (na Florêncio de Abreu) e o do largo do Carmo.

Havia também, na rua Quintino Bocaiúva, um grande reservatório enterrado que auxiliava muito o abastecimento. Tal reservatório era alimentado pelas nascentes existentes no alto do espigão do Caaguaçu, próximo ao Paraíso.

A constante falta de água e o racionamento nos locais de abastecimento eram um fato bastante presente no cotidiano dos paulistanos nessa época de intenso crescimento. No ano de 1875,

> [...] todos os chafarizes reunidos, e ainda as bicas de Baixo, do Gaio, dos Ingleses e do Moringuinho, não forneciam toda a água para abastecer a cidade. A restante era tirada ainda nessa época de poços abertos nas margens do Tamanduateí e do Lavapés, e vendida em pipas ambulantes, pelas ruas. Os aguadeiros, no momento de venderem a água, deixavam um barrilzinho debaixo da torneira da car-

---

[35] Antônio Egídio Martins, *São Paulo antigo (1554 a 1910)*, cit., p. 21.

Fig. 37 - Charge publicada em jornal paulistano no ano de 1866, fazendo referência às freqüentes depredações realizadas nos chafarizes da cidade devido à escassez de água.

Fonte: Ernani da Silva Bruno, *História e tradições da cidade de São Paulo*, cit.

roça e, enquanto ele se enchia lentamente, despejavam outro no interior da casa – traçando a carvão na parede, cada dia, um risco por vasilha fornecida, para cobrança no fim do mês. Alguns italianos foram nessa época substituindo os aguadeiros portugueses. Mas a população continuava se queixando da falta de água[36] (fig. 37).

O progressivo fim do trabalho escravo aliado às constantes deficiências no abastecimento desses chafarizes levou a administração pública e companhias particulares a empreenderem obras de melhoramentos e modernização no sistema de captação, adução e distribuição de água.

Assim, a partir do ano de 1878, a situação começa a melhorar quando é constituída a Companhia Cantareira e Esgotos, que inicia a construção de um grande reservatório de água na Consolação, em frente à atual rua Piauí. Esse reservatório deveria estabilizar o consumo da região central, pois seria alimentado por água abundante proveniente da serra da Cantareira.

Nos anos 1880 começariam a aparecer os primeiros materiais hidráulicos importados, destinando-se ao uso domiciliar: canos de ferro, bombas, aríetes, aparelhos sanitários, etc. Em 1883, é inaugurado o primeiro sistema de esgotos da cidade, beneficiando 71 casas no distrito da Luz.[37]

No entanto, seria só a partir do início da década de 1890 que passaria a haver uma maior difusão dos sistemas de água encanada para as residências. O Código Sanitário do Estado de São Paulo promulgado em 1894 (Decreto nº 233, de 2-3-1894) já apresenta uma série de recomendações sobre como deveriam ser executadas essas instalações de água e esgoto nas novas construções.

Dessa forma, todas as inovações processadas no sistema de abastecimento de água na cidade nesses últimos vinte anos do século XIX vão trazer profundas alterações não só no modo de vida da população, mas sobretudo na lógica de expansão urbana.

Não serão mais necessárias as idas aos chafarizes, o manuseio dos infectos "tigres", recipientes em que se conduziam os esgotos domésticos até a margem dos rios. Nem a utilização de fossas negras ou

---

[36] Ernani da Silva Bruno, *História e tradições da cidade de São Paulo*, cit., p. 1121.
[37] *Ibid.*, p. 1122.

poços com água geralmente contaminada. Os banhos podiam agora ser realizados nos compartimentos a eles reservados no interior da própria moradia, não se necessitando mais recorrer às tão afamadas "casas de banho", como a Sereia Paulista no largo de São Bento.

De qualquer forma, esse processo de mudança de hábitos, que tenderia a ser lento, acabou sendo acelerado pela própria Companhia Cantareira, que se incumbiu de eliminar a antiga concorrência dos chafarizes – em pouco tempo desmanchou quase todos os mais importantes desses pequenos mananciais existentes no Centro da cidade.

A ampliação da capacidade de armazenamento de água e a instalação de um sistema de distribuição domiciliar permitiram que novos empreendimentos imobiliários fossem realizados em áreas afastadas do tradicional Centro histórico da cidade, definindo assim uma nova lógica de ocupação nos espaços urbanos (fig. 38).

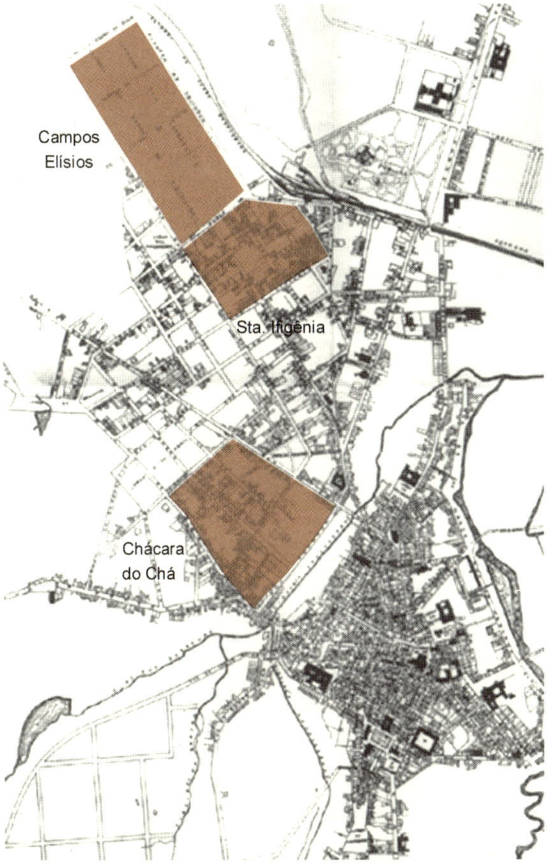

Com a construção do reservatório da Consolação, a expansão dos novos arruamentos podia tomar o rumo do espigão da Paulista, próximo à região do Pacaembu. Esse seria o local escolhido para a implantação do loteamento de Higienópolis. A expansão urbana nessa direção estava assim viabilizada e poderia ser efetivada em grande parte dessa encosta, desde que, obviamente, a cota de localização do lote não ultrapassasse a desse reservatório.

Fig. 38 - Os novos loteamentos realizados na chácara do Chá, em Santa Ifigênia e nos Campos Elísios marcaram o início da expansão da cidade para o oeste.

Fonte: Prefeitura Municipal de São Paulo, "Planta da cidade de São Paulo" levantada pela Companhia Cantareira e Esgotos, Henry B. Joyner, 1881, em São Paulo antigo: plantas da cidade, cit.

Inúmeros outros loteamentos surgirão nesses anos 1880 e 1890, alimentados também pela inversão dos capitais excedentes do café no mercado fundiário urbano. A falência do Banco Mauá em 1875 havia causado grande descrédito na praça em relação aos depósitos bancários, e a aplicação desses recursos em atividades fundiárias aparecia como opção bastante rentável, sobretudo após a divulgação pública dos excelentes ganhos financeiros obtidos por Glette e Nothmann no pioneiro empreendimento dos Campos Elísios.

Legislação urbana

Modernidade e urbanidade

Desde o início do século XIX começam a surgir novas necessidades, como requisito para uma cidade que se tornava cada vez mais mercantilista e cosmopolita e, portanto, com maiores traços de urbanidade. O projeto de uma organização territorial para tal fim implicava uma série de medidas por parte do Estado:

Essas medidas disciplinadoras abrangiam:

- o inventário geral das edificações existentes (com sua localização precisa por meio de uma numeração ao longo das ruas, para fins de tributação);

- o disciplinamento na ocupação dos lotes concedidos como datas e na predefinição de suas servidões públicas;

- as prescrições que procuravam impor uma feição de urbanidade/civilidade à cidade, numa negação explícita de todos aqueles elementos ligados à vida rural e ao passado colonial/escravagista – ainda bastante presentes no cotidiano cultural do paulistano. Proibições constantes nos códigos de posturas, como:

  - construção de ranchos ou casas de madeira e de sapé, ou cobertas com capim;

  - existência de estábulos na área central, de chiqueiros, de hortas e de capinzais;

  - corridas de touro e amansamento de animais, definindo-se áreas onde a passagem de tropas seria proibida;

  - pontos de aglomeração da comunidade negra na área central, em vendas, terreiros, etc.

Tais disciplinamentos foram aparecendo paulatinamente nos códigos de posturas paulistanos – a partir de meados do século XIX – e implicaram também um novo padrão urbanístico na definição dos bairros que foram surgindo na cidade. Em especial, aqueles situados em sua vertente oeste, onde esses princípios foram mais intensamente aplicados, por se tratar de empreendimentos destinados às classes de mais alta renda.

Assim, desde 1850 passam a vigorar posturas de caráter urbanístico-arquitetônico mais específico: sobre os alinhamentos das novas construções em relação à via pública, sobre muros de fecho dos terrenos, definindo também alguns aspectos relativos à padronização das fachadas e à dimensão de suas aberturas, as portas e janelas.

Com o Código de Posturas de 1875 a cidade de São Paulo estabelece as primeiras regulamentações específicas sobre a abertura de novos arruamentos.

Esse código, publicado sob a forma da Resolução nº 62, de 31 de maio, definia parâmetros visando à homogeneização da estrutura viária nos novos bairros, de maneira que se facilitasse a circulação e melhorasse o padrão higiênico das construções.

São disposições que coincidem assim com aquele período de grandes transformações urbanas, designado como o da "segunda fundação de São Paulo". A presença de companhias particulares implantando redes de infra-estrutura passa também a exigir uma certa racionalidade na ocupação dessas novas áreas da cidade.

Dessa forma, o Código de 1875, em seu artigo 1º, prescreve: "Todas as ruas e travessas que se abrirem nesta cidade, e em outras povoações do município, terão a largura de 13 m e 22 cm,[38] salvo quando por algum obstáculo invencível não for possível dar-lhes esta largura. As praças e largos serão quadrados, tanto quanto o terreno o permitir".

Assim, com o estabelecimento de uma largura precisa para todos os novos arruamentos e com a disposição ortogonal do contorno das praças, estar-se-ia tentando induzir um certo padrão de retilinearidade na malha viária.

As novas edificações deveriam obedecer ao alinhamento definido previamente por um arruador designado pela Câmara, e suas fachadas e volumetria teriam que seguir um padrão municipal. Essa norma, no entanto, só foi regulamentada onze anos depois, em 1886, pelo Padrão Municipal de 11-8-1886 e por um outro Código de Posturas mais completo, datado de 6-10-1886.

No corpo desse novo Código de Posturas, seriam alteradas algumas das disposições relativas aos novos loteamentos: todas as ruas deveriam ter uma largura de, pelo menos, 16 m, e não poderiam ser tortas, caracterizando assim a intenção de se constituir uma malha viária xadrez nessas áreas de expansão urbana.

As novas edificações e as reedificações deveriam obedecer agora não só ao alinhamento, mas também ao nivelamento definido pela Câmara, de forma que se evitassem os problemas decorrentes de esca-

---

[38] Quanto à esquisita dimensão de 13,22 m para a largura das ruas, pode-se supor que se trate de algum equívoco na transcrição da lei. Um número coerente para esse caso seria 13,20 m, que corresponde exatamente a 6 braças – de 2,2 m cada –, uma unidade bastante utilizada na época para fazer esse tipo de medição.

ou de construções realizadas no alto de taludes. Essas construções seguiriam um mesmo gabarito para cada um dos pisos, de maneira que não excedessem os três pavimentos e uma altura máxima de 17 m.

O Padrão Municipal detalha ainda alguns outros aspectos. Define a largura de 25 m como aquela com a qual as avenidas poderiam ser traçadas, além de 16 m para a largura das ruas. Faz referência, em seu artigo 4º, a um "perímetro da cidade", sem no entanto especificá-lo. Esse é um dado importante, porque ele vai servir de referência a uma série de medidas de distinto impacto urbanístico. Por exemplo, no "perímetro da cidade" as construções não poderiam ter recuos frontais e seriam todas muradas. Fora desse perímetro, elas deveriam ter necessariamente recuos de frente superiores a 4 m e muros de fecho executados com gradis metálicos ou balaustradas de pelo menos 2 m de altura.

Esses elementos normativos estiveram presentes em muitas das edificações erigidas na época, mesmo nos bairros de Santa Ifigênia, Campos Elísios e Higienópolis, caracterizando assim um novo padrão de ocupação do solo e uma nova estética urbana, que marcaria decisivamente a paisagem paulistana da época do apogeu da economia cafeeira.

Salubridade urbana

A questão sanitária era outro componente desses novos dispositivos urbanísticos. A regulamentação constante no Código Sanitário (Decreto Estadual nº 233, de 2-3-1894) detalhava outros aspectos sobre a higiene interna das residências e sobre a disposição de ruas e praças. A intenção dessas medidas era evitar os problemas decorrentes de habitações construídas em terrenos não consolidados (com excesso de matéria orgânica, pantanosos), o superadensamento na ocupação dos cômodos internos, a utilização de materiais de construção precários, o tratamento inadequado das áreas úmidas da casa e das águas servidas, etc.

Enfim, eram medidas a serem aplicadas aos novos loteamentos e também às construções já existentes, com a intenção de combater aquelas situações tão favoráveis à proliferação de epidemias – um dos maiores problemas enfrentados pelo urbanismo da época –, como a febre amarela, registrada em 1893, no bairro de Santa Ifigênia.

As vantagens naturais do sítio

A valorização do lado oeste da colina central, em face do Vale do Anhangabaú, foi uma conseqüência natural do processo de loteamento das chácaras situadas nessa vertente da cidade.

Na realidade, o processo de parcelamento das antigas chácaras ocorreu de forma indistinta em todas as partes da cidade. Esse febril fenômeno de especulação fundiária, designado por Pierre Monbeig como uma "epidemia de urbanização", foi decorrência do apogeu da economia cafeeira e da imigração, responsável por um crescimento vertiginoso de sua população, que alcançou índices jamais superados. No período entre 1886 e 1900, a população aumentou em mais de cinco vezes, passando de 44.030 para 239.820 habitantes, e o número de edificações triplicou (fig. 39).

Ano	Prédios	População
1886	7.012	44.030
1891	10.321	99.930
1895	18.505	184.145
1900	21.656	239.820

Fig. 39 - A última década do século registraria o maior incremento da população paulistana devido à maciça imigração, atingindo taxas de quase 30% ao ano. O encortiçamento daí decorrente agravou os problemas sanitários e acelerou o processo de "fuga" das elites para os novos e salubres bairros situados a oeste.

Fonte: Nabil Georges Bonduki, *Origens da habitação social no Brasil: o caso de São Paulo*, tese de doutoramento (São Paulo: FAU-USP, 1994).

A produção de moradias dignas e em número suficiente para abrigar toda essa imensa massa de trabalhadores que chegava diariamente à cidade era uma questão social não considerada pelas políticas públicas da época. A solução para o problema era dada de forma precária e espoliativa pelo mercado rentista, em que pequenos empreendedores imobiliários atuavam construindo grandes conjuntos de cortiços ou transformando em habitações coletivas antigas residências situadas na colina central da cidade.

Assim ocorreu com o encortiçamento da região próxima à Igreja da Sé, com a rua Líbero Badaró e com partes do bairro de Santa Ifigênia, só para citar alguns casos de localização mais central.

O aumento da densidade populacional era apontado, segundo a visão sanitarista da época, como fator gerador de focos pestilenciais e epidêmicos. A elite paulistana, que até os anos 1880 ainda morava na colina central da cidade, passa assim a se deslocar, buscando novos bairros dotados de condições mais salubres, de clima mais saudável e onde as ruas eram largas e os lotes, amplos. Esse foi o fato que viabilizou o sucesso dos empreendimentos imobiliários situados no oeste da cidade, como Campos Elísios e Higienópolis.

A ocupação dessa vertente oeste por famílias tradicionais e ligadas ao poder político local não foi, no entanto, um fato que aconteceu só com a eclosão desses loteamentos.

Desde o século XVI, com a política de distribuição de datas de terras, as glebas situadas a oeste da cidade sempre foram as mais procuradas e valorizadas, porque se localizavam em terrenos consolidados, planos, longe de áreas inundáveis, com boa acessibilidade ao Centro e eram próximas aos caminhos para Jundiaí e Itu (rota do açúcar e depois do café) e para Sorocaba (rota do comércio).

Nas outras vertentes da cidade, a situação era bem diversa. O lado norte só era valorizado até os campos da Luz, quando as enchentes do Tietê não o atingiam. A vertente leste, apesar de plana, tinha o quase intransponível obstáculo representado pelos meandros do rio Tamanduateí e sua imensa várzea inundável. Na face sul, os terrenos eram acidentados devido à presença do espigão do Caaguaçu.

Dessa forma, a vertente oeste era a melhor e passou a ser a mais disputada na política de concessão de datas. Só as famílias mais importantes da cidade é que conseguiam obter o privilégio de ser agraciadas com terrenos para esses lados.

Esse aspecto pode ser verificado ao se examinar o nome dos proprietários de algumas dessas chácaras durante o último quartel do século XIX –[39] separando-os espacialmente pelas quatro vertentes da cidade:

1. A leste: chácara da marquesa de Santos, chácara do cônego Monte Carmelo.

2. Ao sul: chácaras de dona Ana Machado, do Fagundes e do cônego Fidélis (Liberdade), chácaras Paim e Pamplona (Paulista), chácara do barão de Limeira (rua Brigadeiro Luís Antônio), chácara do Bexiga.

3. Ao norte: chácara do Miguel Carlos.

4. A oeste: chácara do brigadeiro Rafael Tobias de Aguiar, chácara do barão de Iguape, chácara do conselheiro Antônio Prado, chácara do general Arouche de Toledo Rendon, chácara do barão de Itapetininga, chácara de dona Angélica de Sousa Queirós Barros, chácara do barão de Sousa Queirós (fig. 40).

Constata-se, assim, que as terras situadas a oeste da cidade – por serem as mais valorizadas, pelas condições naturais do sítio e pela acessibilidade – pertenceram, no século XIX, aos "notáveis" locais: barões, generais, políticos e famílias tradicionais paulistanas. Esse fato terá

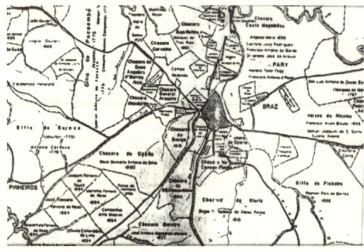

Fig. 40 - Reconstituição das chácaras, sítios e fazendas existentes ao redor do Centro da cidade em meados do século XIX.

Fonte: Aroldo Azevedo, *A cidade de São Paulo* (São Paulo: Nacional, 1958).

---

[39] Odilon Nogueira de Matos, "A cidade de São Paulo no século XIX", em *Revista de História*, cit., p. 119.

repercussões diretas a partir de 1880, quando muitas dessas famílias começam a mudar suas residências do Centro da cidade para essas chácaras, onde constroem palacetes suntuosos, projetados por arquitetos estrangeiros.

Numa etapa seguinte, o processo especulativo levaria ao retalhamento dessas terras e à sua ocupação por famílias pertencentes a essa mesma elite.

Os primeiros grandes empreendedores imobiliários: os alemães Glette, Nothmann, Puttkamer e Burchard

Esses quatro imigrantes alemães foram os primeiros a lançar empreendimentos imobiliários destinados exclusivamente às classes de mais alta renda da cidade.

Vítor Nothmann tinha iniciado sua carreira como mascate, uma profissão típica dos imigrantes recém-chegados à cidade. Em 1870, já próspero comerciante, abre uma firma de importação de tecidos e venda por atacado, a V. Nothmann e Cia., sediada na travessa do Colégio (hoje rua Anchieta). Em 1877 entra como sócio da cervejaria Stadt-Bern, na rua de São Bento, que introduziu em São Paulo o hábito do chope, em substituição às tradicionais "gengibirras".

Frederico Glette era o proprietário do mais importante estabelecimento hoteleiro da cidade, o Grande Hotel, situado na rua de São Bento, esquina com a atual rua Miguel Couto e com fundos indo até a rua Líbero Badaró. O prédio fora construído em 1878 pelo engenheiro alemão Hermann von Puttkamer e se constituiu "no primeiro edifício neoclássico de alguma importância construído em São Paulo".[40]

Esse hotel, pelas suas dimensões e finas instalações, era considerado o melhor do Brasil, comparável só aos grandes hotéis da Europa, ponto obrigatório de estada de deputados provinciais, empresários estrangeiros e outras figuras de notoriedade.

> Era um estabelecimento que não tinha igual na Corte nem nas outras capitais de província [...] Até o príncipe Henrique da Prússia, irmão de Guilherme II, esteve hospedado nele. Koseritz, que conheceu a cidade em 1883, disse que era um edifício magnífico, com um estilo soberbo. Achou mesmo que ele era o melhor do Brasil, nenhum hotel do Rio podendo se comparar com o de Glette no luxo e nos serviços da cozinha e de adega. Candelabros a gás iluminavam o vestíbulo e

---

[40]   Anita Salmoni & Emma De Benedetti, *Arquitetura italiana em São Paulo* (São Paulo: Perspectiva, 1981), p. 35.

Fig. 41 - A foto realizada nos anos 1950, na rua Líbero Badaró, mostra o prédio onde funcionou o antigo Grande Hotel. O edifício foi projetado por Puttkamer em 1878 e se constituiu num dos primeiros exemplos do estilo neoclássico na área central da cidade.

Fonte: Anita Salmoni & Emma De Benedetti, *Arquitetura italiana em São Paulo* (São Paulo: Perspectiva, 1981).

por uma escada de mármore branco subia-se ao primeiro andar, onde um empregado de "irrepreensível estilo e toalete", avisado pelo porteiro por uma campainha elétrica, recebia o recém-chegado. Koseritz salientou ainda que o hotel tinha quartos bonitos, com mobílias elegantes, camas excelentes e mais "banho, correio e telégrafo em casa"[41] (fig. 41).

A presença de Glette, assim como de uma florescente colônia alemã em São Paulo, era um fato bastante progressista. Muitos desses primeiros empresários contribuíram efetivamente para o desenvolvimento da cidade, como Teodoro Wille (o primeiro exportador do café brasileiro), Gustavo Sydow (com sua grande serraria a vapor no morro do Chá), Henrique Stupakoff (fundador da cervejaria Bavária, precursora da Antarctica), Alberto Kuhlmann (que modernizara o sistema de abastecimento de carnes verdes à população), Gustavo Schaumann (fundador da Botica Ao Veado d'Ouro) e muitos outros.

Glette, por sua vez, um imigrante habituado aos modernos padrões de cultura urbana européia, acabara se tornando, com seu empreendimento, um profissional em estreito contato com os cafeicultores e políticos paulistas. Observando o acelerado ritmo das transformações que se processavam na cidade e, provavelmente também, o progressivo abandono dos casarões do Centro Velho pelas famílias tradicionais – que estavam se transferindo para chácaras a oeste

(a)
(b)

Figs. 42 e 43 (a e b) - Os primeiros empreendedores imobiliários: os alemães Martinho Burchard, Frederico Glette e Vítor Nothmann.

Fontes, respectivamente: Maria Cecília Naclério Homem, *Higienópolis: grandeza e decadência de um bairro paulistano*, vol. 17 da Série História dos Bairros de São Paulo (São Paulo: Secretaria Municipal de Cultura, 1980); e Paulo Cursino de Moura, *São Paulo de outrora: evocações da metrópole*, vol. 25 da Col. Reconquista do Brasil (Belo Horizonte/São Paulo: Itatiaia/Edusp, 1980).

[41] Ernani da Silva Bruno, *História e tradições da cidade de São Paulo*, cit., p. 1150.

da cidade –, resolve então empreender uma grande incorporação para esses mesmos lados. Assim, em 1879, associa-se a Vítor Nothmann e adquire a chácara do Campo Redondo (ou Mauá), de propriedade de outros alemães, Ferdinand Boeschenstein e Daniel Ullmann, que ali possuíam o Colégio Ipiranga (figs. 42 e 43).

O bairro dos Campos Elísios

Inicia-se, nesse momento, um empreendimento pioneiro: o loteamento da chácara e a criação do bairro dos Campos Elísios, o primeiro destinado exclusivamente à classe nascida com a riqueza do café.

Fig. 44 - O bairro dos Campos Elísios foi loteado por volta de 1880. Mas até 1895, quando foi tirada esta foto, a sua ocupação ainda não estava consolidada.

Fonte: Nestor Goulart Reis Filho, Campos Elísios: a casa e o bairro. A tecnologia da construção em 1900 *(São Paulo: Imprensa Oficial do Estado, 1993).*

Para projetar os arruamentos, Glette contrata novamente os serviços do engenheiro Puttkamer. O loteamento apresenta assim uma série de padrões inovadores para a época, como a possibilidade de construir as residências com recuos de frente e laterais, o que permitia a implantação de jardins, que em geral seguiam o estilo francês. Segundo Nestor Goulart Reis Filho,

> [...] o bairro não era exclusivamente residencial, e seus lotes não tinham dimensões homogêneas. Existiam casas de menor porte e instalações para comércio e indústrias. Mas isto não diminuía seu prestígio. Para ali se deslocaram as famílias mais abastadas. Os proprietários das glebas vizinhas, como Eduardo Prates, abriram outras ruas em seus terrenos e deram continuação a algumas, aproveitando o sucesso da iniciativa de Glette.[42]

Tendo sido projetado e loteado no início dos anos 1880, o bairro dos Campos Elísios tinha ruas com largura não de 13,22 m, como prescrevia o Código de 1875, mas de 16 m, o que já é uma recomendação do Código de 1886. Isso permite concluir que o loteamento teve uma etapa de implantação e consolidação longa, até que nos anos 1890 seria oficializado e efetivamente teria início sua ocupação.

Essa informação é confirmada por fotos do fim do século XIX, analisadas por esse mesmo autor: "O bairro custou um pouco a se consolidar. Uma fotografia tomada por volta de 1895 mostra uma ocupação ainda rarefeita, típica de um bairro de periferia, com grandes terrenos vazios"[43] (fig. 44).

---

[42] Nestor Goulart Reis Filho, *Campos Elísios: a casa e o bairro. A tecnologia da construção em 1900* (São Paulo: Imprensa Oficial do Estado, 1993), p. 21.
[43] *Ibidem*.

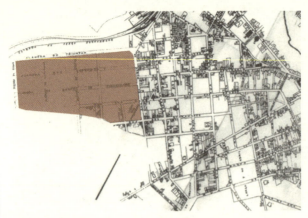

Fig. 45 - Na planta da cidade de 1881, o bairro dos Campos Elísios já aparece projetado em prolongamento ao de Santa Ifigênia. Mas seus lotes ainda não estavam definidos.

Fonte: Prefeitura Municipal de São Paulo, "Planta da cidade de São Paulo", levantada pela Companhia Cantareira e Esgotos, Henry B. Joyner, 1881, em *São Paulo antigo: plantas da cidade*, cit.

O empreendimento original estendia-se para além do bairro de Santa Ifigênia, sendo definido por um perímetro que abrangia as ruas Duque de Caxias, Triunfo (hoje Cleveland), alameda Nothmann e Barão de Limeira. Dentro dessa área, situavam-se as alamedas Glette, Helvétia, Conselheiro Nébias, Guaianases, Rio Branco, Barão de Piracicaba e Andradas (hoje Dino Bueno) (fig. 45).

O que retardou a ocupação dos lotes foi, sem dúvida, a inexistência de rede de água encanada, um serviço que a Companhia Cantareira só levou ao bairro na década de 1890. As poucas residências aí observadas nessa época provavelmente eram abastecidas com água de poço, uma alternativa viável, tendo em vista o fato de o bairro estar situado numa planície e próximo à calha do rio Tietê, tendo assim um lençol freático alto.

No início do século XX, entretanto, os Campos Elísios já contavam com toda a infra-estrutura implantada: água encanada, esgoto, gás, iluminação pública, bonde elétrico e arborização. Suas ruas já ostentavam a presença de palacetes e chalés, nos quais o ecletismo e a arquitetura neoclássica marcavam a paisagem com uma nova estética, que deste momento em diante iria predominar nos bairros mais burgueses da cidade.

> Suas ruas retas, regulares e com amplos lotes receberam construções que caracterizam um momento da vida de São Paulo: a cidade de tijolo [...] Nessa região já não são vistos os amplos beirais, nem as janelas guarnecidas com rótulas. Em seu lugar vemos as platibandas e mansardas "ao gosto francês" [...] É surpreendente a quantidade de material importado por essa época, como as telhas de ardósia e de cerâmica de Marselha (que vieram substituir as telhas côncavas de barro), os vidros coloridos da Bélgica, a ferragem inglesa, o pinho-de-riga, etc. Um dos fatores condicionantes do surgimento do bairro, a proximidade com a Estação, acabou, aos poucos, contribuindo para a sua decadência, dado o ruído e a intensa movimentação de veículos de carga nas proximidades da Estação[44] (fig. 46).

---

[44] Benedito Lima de Toledo, *São Paulo: três cidades em um século*, cit., p. 86.

Fig. 46 - No início do século XX, quando Guilherme Gaensly retrata os Campos Elísios, a ocupação desse bairro já está consolidada. A foto foi tomada da torre da Igreja Coração de Jesus, olhando-se para o lado de Santa Ifigênia.

Fonte: Benedito Lima de Toledo, *São Paulo: três cidades em um século*, cit.

Nessa época, o cronista Alfredo Moreira Pinto, que esteve visitando São Paulo em 1900, já constata a grande beleza dos bairros de arrabalde, especialmente dos Campos Elísios, e sua já intensa ocupação:

> Para além dos quatro pontos cardeais estendem-se lindíssimos bairros com ricos palacetes, avenidas e alamedas largas e extensas como a Paulista, a *Glette*, a *Nothmann*, dos *Bambus*, do *Triunfo*, *Barão de Piracicaba*, Tiradentes, Rangel Pestana, esta última no Brás, bonitos *boulevards*, como o Burchard, praças e largos vastos e arborizados como a da República, com a Escola Normal, o do *Paissandu*, o dos *Guaianases* e o de Arouche; ruas, umas largas e planas, outras estreitas e ladeiradas, todas caprichosamente calçadas, como a Barão de Itapetininga, *Conselheiro Nébias*, Aurora, de São João, Visconde do Rio Branco, *Guaianases*, além de muitas outras.[45]

Nessas alamedas dos Campos Elísios habitaram pessoas de destaque no meio político e social da época, como Eduardo Prates, Dino Bueno, Firmiano Pinto, Henrique Dumont, Caio Prado, a baronesa de Arari, as famílias dos Sousa Queirós, Sousa Aranha, Arruda Botelho e outras.

O bairro de Higienópolis

O sucesso do empreendimento de Glette e Nothmann e o excepcional lucro auferido com a venda dos lotes – "foram despendidos com a abertura dessas ruas e alamedas cerca de 100 contos, e apurados na venda dos lotes de terrenos das referidas ruas e alamedas perto de 800 contos" –[46] levaram a empresa a realizar novas incorporações, agora mais sofisticadas.

---

[45] Alfredo Moreira Pinto, *A cidade de São Paulo em 1900*, cit., p. 25 (grifos nossos).
[46] Antônio Egídio Martins, *São Paulo antigo (1554 a 1910)*, cit., p. 163.

Com a morte de Glette em fins de 1886, Vítor Nothmann associa-se a outro colega alemão, Martinho Burchard, na verdade, um antigo sócio na firma V. Nothmann & Cia., especializada no comércio de tecidos. Essa parceria no ramo imobiliário parece ter acontecido por uma contingência de fatos, envolvendo a concorrência para a aquisição da fazenda do barão de Ramalho, local onde seria implantado o bairro de Higienópolis. O fato, narrado por antigos paulistas, é descrito pela historiadora Maria Cecília Naclério Homem em seu livro sobre a história de Higienópolis:

> As terras onde se desenvolveria o bairro de Higienópolis foram descobertas ao mesmo tempo. Ficou na memória dos paulistas a corrida que esses especuladores travaram para a aquisição dos terrenos do barão de Ramalho, o qual ainda ignorava o valor dos mesmos.
>
> O barão viu os dois compradores desfilarem em seu escritório em questão de meia hora. Numa manhã, recebeu a visita de Burchard, que lhe ofereceu 200 contos, soma considerada fabulosa na época. O barão aceitou a oferta, fechando o negócio na base da palavra. Pouco depois, para assombro do barão, chegou Nothmann oferecendo-lhe 250 contos.
>
> "– Afinal de contas, que história é essa, os senhores descobriram mina de ouro naqueles pastos?" E, sem esperar resposta, acrescentou positivo: "Mas não aceito a oferta, já dei minha palavra, e os terrenos estão vendidos".[47]

Essa situação acabou fazendo, ao que parece, com que os dois empresários se unissem para a compra dessas terras, que perfaziam cerca de 15 alqueires, o equivalente a uma área quadrada de seis quarteirões de cada lado. Posteriormente, Nothmann adquiriria uma parte de terras entre a rua da Consolação e a estrada do Araçá, e Burchard compraria as terras do Pacaembu, que haviam pertencido a Joaquim Floriano Vanderlei.

A disputa especulativa para esses lados da cidade tinha suas razões:

- Em primeiro lugar, porque os campos de Higienópolis e Pacaembu eram considerados locais saudáveis, por estarem situados em região serrana, de clima agradável e seco, e não muito afastada da cidade, uma vez que o bairro ficava a meia distância entre o caminho para Jundiaí (avenida São João e rua das Palmeiras) – rota do café – e o caminho para Sorocaba (rua da Consolação) – rota do comércio. Essa localização propiciava também o distanciamento suficiente dos focos de epidemia de febre amarela, situados na região da Sé e Santa Ifigênia. Daí a própria origem do nome do bairro, significando "cidade higiênica".

- Essa situação geográfica era de continuidade em relação à região nobre onde estava localizado o bairro dos Campos Elísios.

---

[47] Maria Cecília Naclério Homem, *Higienópolis: grandeza e decadência de um bairro paulistano*, vol. 17 da Série História dos Bairros de São Paulo (São Paulo: Secretaria Municipal de Cultura, 1980), p. 62.

- No momento dessa incorporação (1890), estava havendo um movimento de migração das famílias mais tradicionais, moradoras do Centro Velho, para essa região da cidade, "subindo a serra", como se dizia na época. Assim o fizeram dona Veridiana, o conselheiro Antônio Prado e dona Angélica de Barros.

- Alguns anos antes, fora concluído o Edifício da Escola Normal (Caetano de Campos) na Praça da República, a meio caminho para o bairro.

- Nessa mesma época, iniciara-se a construção do Viaduto do Chá, um empreendimento que viria a facilitar a comunicação direta entre o Centro da cidade e essa região.

Esses fatos demonstram que não foi por mero acaso que Burchard e Nothmann descobriram o potencial imobiliário das terras do barão de Ramalho, em 1890.

Um aspecto bastante atraente do empreendimento era sua proximidade com o palacete de dona Veridiana Valéria da Silva Prado, construído em 1884. Dona Veridiana pertencia à mais importante família da cidade. Era filha do barão de Iguape (Antônio da Silva Prado), um comerciante de açúcar que enriquecera por ter recebido do governo imperial o direito de cobrança dos impostos sobre as tropas de mulas. Casara-se com Martinico Prado, de cuja união nasceram Antônio, Eduardo, Caio e Martinico Prado, todos eles futuras personalidades da vida política brasileira. Em 1877, dona Veridiana separa-se do marido e compra terras na região do Pacaembu, onde faria edificar um imenso palacete em estilo renascentista francês, rodeado por bosques, lago e pomar. Este seria considerado o primeiro palacete da cidade de São Paulo, com planta elaborada na Europa e todo construído com materiais importados, inaugurando assim um novo estilo de moradia em São Paulo.[48] Este palacete localiza-se hoje em dia na esquina da avenida Higienópolis com rua Dona Veridiana.

Dona Veridiana muda-se para lá em 1884, numa época em que o local era ainda bastante ermo, e todos julgavam descabida tal iniciativa. Mas a intensa vida social que a casa passou a abrigar, com seus saraus e recepções, provavelmente foi o que despertou o interesse dos investidores alemães por aquelas paragens.

Um pouco mais adiante em direção aos campos do Pacaembu, existia também um chalé no meio de arvoredos, pertencente ao luxuoso estabelecimento Grande Hotel de França, sediado na rua de São Bento. Esse chalé, desde 1884, passou a ser utilizado como casa de campo por aqueles hóspedes que, no inverno, preferiam ficar em um local de clima mais seco e saudável do que no Centro da cidade.

---

[48] *Ibid.*, pp. 33-55.

Outros estabelecimentos importantes situados próximos à casa de dona Veridiana eram a Santa Casa, que em 1884 saíra da rua da Glória e se transferira para a rua de Santa Cecília (que depois passaria a se chamar Dona Veridiana), e o Mackenzie College.

Assim, na década de 1890, fora algumas casas de fazendas, essas construções eram o que havia de mais moderno em toda a região do Pacaembu e Higienópolis. Apesar de pouco significativas pelo número, essas quatro edificações desempenhavam, no entanto, um papel relevante na vida social paulistana e poderiam perfeitamente induzir todo um processo de valorização imobiliária da região – e de conseqüente atração da expansão urbana para aquela direção.

Burchard e Nothmann foram os primeiros a perceber isso. E estavam certos quando resolveram comprar aquelas terras e loteá-las.

Higienópolis, ou Boulevards Burchard, nome que recebeu quando inaugurado, foi considerado o bairro com a melhor infra-estrutura até então realizada na cidade, contando com todas as benfeitorias possíveis para a época: linhas de bonde, abastecimento de água, esgotos, arborização e iluminação a gás. Era o terceiro bairro projetado e destinado às elites, depois de Santa Ifigênia e Campos Elísios. Era de uso exclusivamente residencial e tinha disposições construtivas específicas para suas ruas mais importantes, como recuos de frente e laterais (Lei nº 355, de 3-6-1898).

> Essa lei significava uma alteração nos hábitos de se viver em São Paulo, que se tornou muito mais complexo e sofisticado: a libertação das casas e sobrados construídos sobre o alinhamento das vias públicas e sobre os limites laterais dos terrenos, conforme tradição colonial portuguesa. Ao mesmo tempo em que conjugada com grandes lotes, possibilitaria a fusão das chácaras residenciais com os sobrados urbanos.[49]

As catorze ruas originais do loteamento tinham, em fins do século XIX, os nomes de Higienópolis, Itatiaia, Itambé, Sabará, Cubatão, Aracaju, Itacolomi, Bahia, Maranhão, Sergipe, Piauí, Alagoas, Mato Grosso e Goiás.

Na década de 1890, Higienópolis e Campos Elísios já abrigavam os palacetes mais importantes da cidade: o de dona Veridiana, o do conselheiro Antônio Prado (na chácara do Carvalho, atrás dos Campos Elísios), o de Elias Chaves (nos Campos Elísios) e o de dona Maria Angélica de Sousa Queirós Aguiar de Barros (na esquina das atuais avenida Angélica e alameda Barros) (figs. 47, 48, 49 e 50).

---

[49] *Ibid.*, p. 63.

Figs. 47 e 48 - Os primeiros palacetes construídos na região de Higienópolis foram o de dona Veridiana (1884), no início da avenida Higienópolis, e o de dona Angélica de Barros (1893), na esquina das atuais avenida Angélica e alameda Barros.

Fonte: Maria Cecília Naclério Homem, *Higienópolis: grandeza e decadência de um bairro paulistano*, cit.

Figs. 49 e 50 - Outros palacetes situados na vertente oeste da cidade e construídos na década de 1890 foram os do conselheiro Antônio Prado e de Elias Chaves, ambos na região dos Campos Elísios.

Fonte: Nestor Goulart Reis Filho, *Campos Elísios: a casa e o bairro. A tecnologia da construção em 1900*, cit.

Inaugura-se assim um novo momento na expansão urbana paulistana, marcado pela polarização exercida por esses bairros situados a oeste. Esse fato vai afetar diretamente a organização territorial dos espaços mais valorizados da área central da cidade, que passará assim a desenvolver novas articulações viárias com esse lado oeste, e não mais unicamente com seu setor norte, onde estavam as estações ferroviárias.

Dessa forma, aquelas conexões do Centro com o norte através das ruas Florêncio de Abreu e Brigadeiro Tobias tendem a ser substituídas por outras, que interligam não só o Centro às estações, mas também à região da praça da República e do largo do Arouche – rotas dessa conexão com o setor oeste da cidade.

A inauguração do Viaduto do Chá em 1892 virá consolidar definitivamente essa tendência.

O Viaduto do Chá e a consolidação da ligação do setor oeste com a área central

A existência do viaduto veio tornar possível a comunicação "em nível" entre o Centro da cidade e o bairro do Chá.

Essa constatação, aparentemente óbvia, foi revolucionária para a época. Afinal de contas, este era o primeiro viaduto construído na cidade, e com ele muitos dos trajetos urbanos seriam imensamente facilitados, pois não se precisaria mais subir e descer as encostas do vale para atravessá-lo (como até então se fazia através da rua de São João ou do largo do Riachuelo).

Especialmente para os bondes, que nessa época eram ainda puxados por burros, e, para tanto, exigiam que, nos pontos de início das subidas (ladeiras de São João e Riachuelo), fossem atrelados aos carros mais animais. Por esse motivo, nesses locais existiam pastos ou largos onde esses animais de reforço ficavam durante os momentos em que não estavam sendo requisitados. Os animais soltos geravam inúmeros problemas à Companhia Carris de Ferro, proprietária deles. Além do mais, tal imagem não se adequava nem um pouco à existência do viaduto, nem aos ideais de urbanidade e modernidade que se queria implantar no local. Essa situação perdurou até 1900, com a chegada da Light e dos bondes elétricos.

O bairro do morro do Chá (que mais tarde seria denominado "Centro Novo") havia sido loteado em 1876 nas terras do barão de Itapetininga, logo após sua morte. Aí foram abertas a rua Barão de Itapetininga e as atuais ruas Xavier de Toledo, Conselheiro Crispiniano, 24 de Maio e Dom José de Barros.

Logo após o parcelamento dessa chácara, surge a primeira idéia referente à interligação do bairro do Chá com o Centro tradicional da cidade. Jules André Martin, um litógrafo francês radicado em São Paulo, publica em meados de 1877 um "Mapa da capital da província de São Paulo", em que retrata as ruas e os edifícios públicos principais existentes na cidade. Nesse mapa, o Vale do Anhangabaú aparece como um segmento urbano/rural, separando nitidamente o Centro Velho do Centro Novo, e com dois "pontos de espera" situados a cavaleiro das encostas: as ruas Barão de Itapetininga e Direita (fig. 51).

A partir desse desenho não seria difícil imaginar uma conexão viária entre esses dois pontos, que desempenharia uma função de vital importância para as ligações do setor central. De fato, três meses após a publicação desse mapa, em outubro de 1877, Martin propõe a construção de um viaduto nesse local. Apresenta-o ao público sob a forma de uma litografia, que expõe na vitrine de sua loja, situada na rua da Constituição (atual Florêncio de Abreu) (fig. 52).

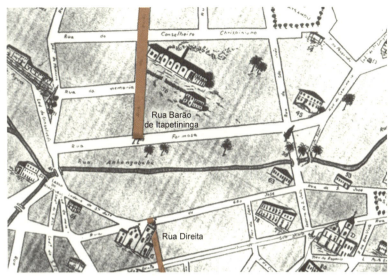

Fig. 51 - O mapa da cidade de 1877, elaborado pelo litógrafo Jules Martin logo após o arruamento da chácara do Chá, mostra claramente a continuidade existente entre o traçado das ruas Direita e Barão de Itapetininga. De fato, três meses após a divulgação desse desenho, ele apresentaria ao público o projeto de um viaduto que concebera para o local: o Viaduto do Chá.

Fonte: Prefeitura Municipal de São Paulo, "Mapa da capital da província de São Paulo (seus edifícios públicos, hotéis, linhas férreas, igrejas, bondes, passeios, etc.)" publicado por Fernando de Albuquerque e Jules Martin, em julho de 1877, em *São Paulo antigo: plantas da cidade*, cit.

Fig. 52 - Este desenho do viaduto, divulgado por ocasião da inauguração da obra em 1892, provavelmente é o mesmo que Martin expôs na vitrine de sua loja em 1877.

Fonte: Benedito Lima de Toledo, *São Paulo: três cidades em um século*, cit.

Fig. 53 - Essa variante do projeto do viaduto foi elaborada por Martin em 1880 com o engenheiro Stevaux. Propõe, em lugar do viaduto, um grande aterro no vale para a passagem de uma alameda, idéia que foi abandonada logo depois.

Fonte: Afonso de E. Taunay, *História da cidade de São Paulo*, cit.

Fig. 54 - Nessa foto aparece o viaduto com sua construção ainda inacabada devido aos litígios havidos com o barão de Tatuí – que tivera sua residência parcialmente desapropriada para que o viaduto pudesse atingir a rua Direita.

Fonte: Prefeitura Municipal de São Paulo, *Álbum comparativo da cidade de São Paulo 1862-1887-1914*, organizado pelo exmo. sr. dr. Washington Luís Pereira de Sousa, prefeito municipal, cit.

Outra variante desse projeto seria elaborada por Martin em 1880, e nela o viaduto daria lugar a um bulevar, mas tal idéia não foi levada adiante (fig. 53).

Alguns anos mais tarde, Martin firmaria um contrato com o governo provincial para a execução do projeto do viaduto e em 1888 daria início às obras. Em 1892 a obra estava concluída, uma imensa estrutura metálica de 240 m de comprimento por 14 m de largura, toda importada da Alemanha.[50] A inauguração ocorre após um turbulento período de negociações envolvendo a desapropriação da residência do barão de Tatuí, que ficava na base de apoio do viaduto, junto à rua Direita (figs. 54 e 55).

Novos percursos interligando o Centro aos bairros do setor oeste e às estações

A interligação entre essas partes mais valorizadas da cidade definiu algumas rotas determinadas que influenciaram bastante o processo de valorização de eixos e o tratamento que esses segmentos urbanos receberam em termos de investimentos públicos.

Essas rotas foram aquelas que estabeleceram a comunicação entre o Centro histórico e os bairros do oeste e norte (Higienópolis, Campos Elísios e as estações), e entre esses bairros e a Estação da Luz (fig. 56).

Interligação do Centro histórico com Higienópolis

Após a inauguração do viaduto, em 1892, esse trajeto passaria a ser realizado da seguinte forma: rua Direita, Viaduto do Chá, rua Barão de Itapetininga, praça da República, rua Marquês de Itu, rua de Santa Cecília (depois denominada Dona Veridiana),

---

[50] Antônio Egídio Martins, *São Paulo antigo (1554 a 1910)*, cit., p. 116.

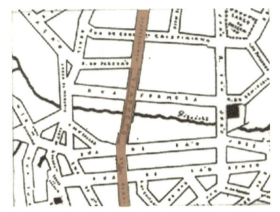

Fig. 55 - Neste outro mapa da cidade elaborado por Martin em 1890, o viaduto já aparece interligando o Centro da cidade ao ainda desocupado bairro do Chá.

Fonte: Prefeitura Municipal de São Paulo, "Planta da capital do estado de São Paulo e seus arrabaldes", por Jules Martin, 1890, em *São Paulo antigo: plantas da cidade*, cit.

até atingir a avenida Higienópolis, uma vez que a rua Marquês de Itu assumira a função de passagem para os moradores de Higienópolis que se dirigiam ao Centro.[51]

Interligação do Centro com o bairro dos Campos Elísios

O trajeto podia ser realizado diretamente pela avenida São João, desde seu início, no largo do Rosário, até a alameda Glette. Ou então pelo Viaduto do Chá, prosseguindo-se pela Barão de Itapetininga, Conselheiro Crispiniano e seguindo-se pela São João ou Rio Branco até as imediações da alameda Glette.

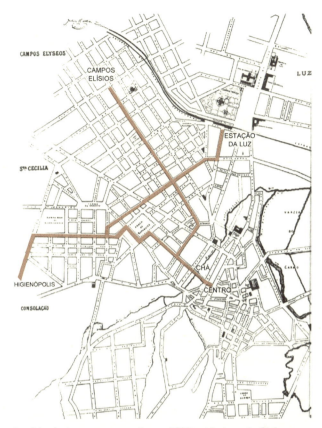

Fig. 56 - Após sua inauguração em 1892, o Viaduto do Chá passa a facilitar a comunicação da área central com Higienópolis, Campos Elísios e as estações.

Fonte: Prefeitura Municipal de São Paulo, "Planta da capital do estado de São Paulo e seus arrabaldes", por Jules Martin, 1890, em *São Paulo antigo: plantas da cidade*, cit.

---

[51] Maria Cecília Naclério Homem, *Higienópolis: grandeza e decadência de um bairro paulistano*, cit., p. 47.

Interligação do Centro com a Estação da Luz

Agora, além dos tradicionais caminhos pela Florêncio de Abreu e Brigadeiro Tobias, o trajeto podia ser realizado pelo Viaduto do Chá, tomando-se depois a Barão de Itapetininga, a Ipiranga e a Conceição.

Interligação de Higienópolis com a Estação da Luz

Possivelmente pela Marques de Itu, Aurora e Conceição, o que justificaria o comentário elogioso de Alfredo Moreira Pinto sobre a rua Aurora, em 1900, classificando-a como "uma das mais belas ruas da cidade, toda arborizada".[52]

A consolidação do Anhangabaú como espaço mais valorizado do setor central

A construção do viaduto possibilitou, de fato, a efetiva ocupação do bairro do Chá. Observando a estrutura fundiária da região em 1881, um pouco antes da realização dessa obra, pode-se notar que o Centro Novo era ocupado a partir do Piques em direção à praça da República, ficando a região próxima ao vale ainda pouco habitada. Aí se localizava o grande terreno onde funcionava a serraria de Gustavo Sydow (onde depois seria edificado o Teatro Municipal), o que mostra que essa era uma parte pouco valorizada do novo bairro – podendo até mesmo ser considerada como os "fundos" do morro do Chá.

Havia já nesses anos uma ocupação esparsa do bairro, como relata Raimundo de Menezes:

> É bem verdade que não existiam ainda, por ali, prédios de importância. Pelo menos até 1888 [...] Na rua Barão de Itapetininga, as casas espaçavam-se, isoladas, entre jardins verdejantes, dando idéia de chácaras. Ali residiam [...] pessoas importantes: o gramático Freire da Silva e o jornalista José Maria Lisboa. A rua 24 de Maio, como a precedente, era inteiramente habitada por famílias, sendo o "morro" do Chá assim uma espécie do que hoje chamamos "bairro residencial"[53] (fig. 57*)*.

Na década de 1890, portanto, a conexão entre o Centro da cidade e os novos bairros que surgiam a oeste já estava viabilizada. Pelo Viaduto do Chá, tomava-se o rumo da Barão de Itapetininga e atingia-se a praça da República e o bairro do Arouche. Daí, chegava-se à rua das Palmeiras e à rua de Santa Cecília, conexões para Higienópolis e arredores.[54]

---

[52]   Alfredo Moreira Pinto, *A cidade de São Paulo em 1900*, cit., p. 237.

[53]   Raimundo de Menezes, *Histórias da história de São Paulo* (São Paulo: Melhoramentos, 1954), p. 258.

[54]   O acesso à avenida Paulista, aberta também em 1892, não utilizaria esse itinerário, uma vez que se chegava a ela partindo do Centro da cidade pelo lado sul, através da Brigadeiro Luís Antônio.

O bairro de Vila Buarque, ponto de interligação do Centro da cidade com Higienópolis, foi arruado na mesma época da inauguração do Viaduto do Chá, por volta de 1892-1893, coincidindo também com o início da ocupação de Higienópolis. Foi loteado pelo engenheiro Manuel Buarque de Macedo, em terras do doutor Rego Freitas, dando origem às ruas Bento Freitas, Rego Freitas, Amaral Gurgel, Cesário Mota, Vila Nova, Marquês de Itu, General Jardim, Major Sertório e Santa Isabel.

Pode-se assim concluir que todo o processo de retalhamento fundiário da vertente oeste ocorre após o início da construção do viaduto, em 1888. O potencial que tal ligação viária possibilitaria já foi suficiente para despertar o interesse de Burchard, Nothmann e Buarque pelas terras além-Anhangabaú.

A presença do Viaduto do Chá, por outro lado, veio também alterar significativamente toda a rede de conexões viárias do setor mais central da cidade, valorizando os "fundos" do morro do Chá. De fato, é nessa parte que seriam edificados, logo nos primeiros anos do século XX, duas referências de grande significado para a época: o novo Teatro de São José e o Teatro Municipal.

Ambos, com o edifício do Colégio Caetano de Campos, se constituiriam nas mais importantes construções do Centro Novo. O Teatro São José teve suas obras concluídas em 1909 e o Municipal, em 1911.

Na época de sua inauguração, o Teatro Municipal foi considerado a construção mais importante de todo o estado de São Paulo e uma das mais belas da América do Sul.[55] Percebe-se assim a importância que o terreno de Sydow adquiriu após a construção do viaduto (fig. 58).

Fig. 57 - Nesta foto de 1887, o viaduto ainda não estava construído e por essa razão a ocupação do morro do Chá ainda era incipiente. No arvoredo do centro da foto, situava-se a serraria de Gustavo Sidow.

Fonte: Prefeitura Municipal de São Paulo, *Álbum comparativo da cidade de São Paulo 1862-1887-1914*, organizado pelo exmo. sr. dr. Washington Luís Pereira de Sousa, prefeito municipal, cit.

Fig. 58 - O Teatro Municipal seria erigido no terreno de Sidow. Na época de sua inauguração, em 1911, foi considerado uma das mais belas construções da América Latina. Por esse motivo, o teatro seria um dos principais responsáveis pela excessiva valorização registrada nos terrenos próximos ao vale, antes mesmo da realização do plano Bouvard.

Fonte: Prefeitura Municipal de São Paulo, *Álbum comparativo da cidade de São Paulo 1862-1887-1914*, organizado pelo exmo. sr. dr. Washington Luís Pereira de Sousa, prefeito municipal, cit.

---

55 Ernani da Silva Bruno, *História e tradições da cidade de São Paulo*, cit., p. 1287.

Esse processo de valorização do Vale do Anhangabaú teria início durante a construção desse teatro (1903-1911) e continuaria num "crescendo", aumentando vertiginosamente sua importância e criando assim as condições para o surgimento de um projeto de melhoramentos para toda a região do vale (da autoria do vereador Silva Teles). Projeto esse que depois sofreria alterações devido à grande especulação fundiária que se instauraria na região, e que daria origem a acirradas disputas na Câmara Municipal envolvendo a prefeitura e o maior proprietário de terras do local: o conde de Prates (como será apresentado no próximo capítulo).

O projeto de Teles seria modificado e finalmente consolidado no corpo do plano Bouvard, que nos anos 1910 transformaria o Anhangabaú no local mais importante da cidade.

Assim, desde 1892, época da inauguração do viaduto, o vale foi gerando, gradativamente, uma nova polaridade na área central da cidade.

Inicia-se então o translado dos pontos mais tradicionais e valorizados da colina histórica. Das imediações da vertente voltada para o Tamanduateí, transferem-se, com o tempo, para os locais próximos ao Vale do Anhangabaú.

A consolidação desse processo de inversão ocorreria somente no momento da conclusão do plano de melhoramentos para o vale (plano Bouvard), nos anos de 1917-1918.

Os primeiros projetos para o Vale do Anhangabaú e a origem do urbanismo paulistano

Este capítulo procura estabelecer a relação entre o processo de transformação da estrutura dos espaços centrais de São Paulo – decorrente da polarização exercida pelo setor oeste da cidade – e as propostas elaboradas para a valorização da região do Anhangabaú. Os diversos projetos de intervenção para a área geraram polêmicas e debates técnicos que contribuíram para o amadurecimento da questão e o surgimento do primeiro plano urbanístico de São Paulo.

A elaboração de uma estratégia para transformar esse entorno do vale numa das partes mais emblemáticas da cidade foi fundamentada nos princípios de valorização simbólica que os governos republicanos procuraram imprimir em todas as áreas centrais das capitais brasileiras, ao longo da primeira e da segunda década do século XX. Princípios estes que procuravam negar os traços da arquitetura e do urbanismo coloniais ainda presentes nesses espaços mais centrais e afirmar uma simbologia baseada na modernidade e no cosmopolitismo, o que implicava a adoção de uma estética urbana européia.

Essa política conduziu a grandes intervenções nos espaços centrais, levadas a efeito por meio de demolições de quarteirões inteiros, para abertura de praças públicas, obras de alargamento e conexões viárias, mudanças no padrão técnico e estético das edificações e dos usos existentes, além de obras de infra-estrutura e de saneamento.

No caso do Anhangabaú, as obras anunciadoras dessa modernidade foram as construções do Viaduto do Chá e do Teatro Municipal. Surgem, a partir daí, propostas abrangentes de remodelação para a área: inicialmente, a do vereador Augusto Carlos da Silva Teles, em 1906; depois, a da Diretoria de Obras da Prefeitura, apresentada em fins de 1910, ao se encerrar a gestão do prefeito Antônio Prado; e, por fim, a do governo estadual, sob a coordenação de Samuel das Neves.

Da polêmica ocasionada pela existência desses três projetos, ocorre um fato de grande significado. Vítor da Silva Freire Júnior,[1] então engenheiro responsável pela Diretoria de Obras Municipais (e

---

[1] Ver "Apêndice" no final do livro.

Fig. 59 – Vítor da Silva Freire Júnior.
Fonte: Arquivo do autor.

também professor da Escola Politécnica), realiza um acurado diagnóstico da situação urbana paulistana e propõe um plano de intervenção em que, pela primeira vez, a questão urbana é abordada de forma abrangente. Esse trabalho passou a ser considerado o primeiro plano urbanístico de São Paulo. As bases teóricas aí estabelecidas iriam influenciar toda uma geração de profissionais que atuariam futuramente no planejamento da cidade (fig. 59).

Este capítulo apresenta o detalhamento desses quatro projetos, finalizando com a descrição do plano Bouvard, que foi a solução sugerida por Freire para resolver o impasse criado.

A produção, no Anhangabaú, de uma paisagem que simbolizasse o centro de uma cidade moderna e cosmopolita seria o fator que consolidaria a polarização dessa área em relação ao restante do Centro da cidade. Estariam assim criadas as condições para que, a partir dos anos 1920, a expansão do Centro pudesse se efetivar para além-viaduto, nas imediações da rua Barão de Itapetininga – região essa que futuramente seria designada "Centro Novo".

O projeto do vereador Silva Teles

Teles, um urbanista pioneiro

Augusto Carlos da Silva Teles, nascido em São Paulo em 1851, pertencia a uma tradicional família ligada à cafeicultura. Estudou direito na Academia do Largo de São Francisco, tendo depois se mudado para o Rio de Janeiro, onde concluiu seus estudos na Politécnica carioca, diplomando-se em 1878 como engenheiro civil e mecânico. Exerceu entre 1897 e 1898 o cargo de diretor de obras da capital federal.

Transferiu-se para São Paulo, em 1898, convidado para lecionar na Escola Politécnica, assumindo a cátedra do curso de engenharia industrial. Exerceu o cargo de vereador na Câmara Municipal paulistana entre os anos de 1905 e 1911, período em que contribuiu de forma relevante para a cidade, uma vez que tinha uma experiência urbanística que o distinguia entre os parlamentares paulistanos da época. Seus discursos e proposições sobre os problemas que a cidade enfrentava, num período de febril expansão territorial, sempre foram marcados pela fundamentação urbanística, realizando análises sob um ponto de vista amplo, numa postura bastante diferenciada de seus colegas da Câmara.

Desde 1906, apresenta inúmeros projetos de lei procurando solucionar questões crônicas vividas pela cidade e pela população, como a dos transportes coletivos, do controle das áreas de expansão urbana e da necessidade de se elaborar um projeto global de intervenção para a cidade. É dentro desse espírito que vai surgir o plano de melhoramentos para a área central.

No âmbito desses primeiros projetos, é interessante salientar alguns deles: na Indicação nº 117, datada de 28 de julho de 1906, Teles apresenta soluções para a melhoria dos serviços de bondes, a cargo da Light. Apesar da revolucionária transformação que esse meio de transporte trouxera para a vida do paulistano e para a modernização da cidade, seu serviço estava deixando a desejar, principalmente porque os investimentos nele realizados não eram suficientes para acompanhar o rapidíssimo aumento da demanda, assim como o crescimento da área urbanizada da cidade. Teles propõe que seja estabelecido um controle na lotação dos carros (que passaria a se limitar a quatro pessoas por banco), de forma que se obrigasse a companhia a pôr mais veículos servindo cada linha. Defende também a necessidade de se estabelecerem percursos diametrais, permitindo assim a conexão direta entre bairros afastados, sem obrigar os passageiros a ir até o Centro da cidade para fazer baldeação. Apresenta sugestões visando ao barateamento das passagens e à implantação de tarifas reduzidas para estudantes. E, por último, propõe uma medida de efeito estético e de despoluição visual da paisagem: que a fiação aérea e o posteamento sejam substituídos por canalizações subterrâneas para a transmissão de força e luz.

Um outro exemplo, relacionado à questão do controle de expansão urbana, pode ser apreciado em um projeto apresentado nesse mesmo ano (Indicação nº 122), em que diz:

> [...] o serviço de abertura de ruas novas e praças deve ser exercido com o maior discernimento: deve-se atender, sempre, tanto quanto possível, a que uma rua que se pretende abrir represente a satisfação de uma necessidade pública. Esta necessidade pública poderá ser a necessidade natural de expansão da cidade ou um melhoramento na circulação, ou mesmo um embelezamento.
>
> Tem-se, entretanto, abusado da abertura de ruas novas, as quais, muitas vezes, visam somente à valorização de terrenos particulares.
>
> A cidade de São Paulo já é bastante grande, a sua área já comporta o necessário para as construções exigidas pelo crescimento normal de sua população: a abertura de ruas novas, portanto, deve ser questão cuidada e do máximo interesse [...][2]

---

[2] *Anais da Câmara Municipal de São Paulo (1906 a 1911)*, São Paulo, 1906, p. 112.

Esses exemplos citados servem para mostrar a constante preocupação de Teles em defender o interesse público, combatendo sempre os abusos promovidos pelos especuladores particulares e pelas empresas concessionárias de serviços.

Sua visão, progressista para os padrões da época, não se restringia somente aos problemas dos bairros mais nobres da cidade, como a área central e imediações do lado oeste – objetos tradicionais das políticas públicas. Seu olhar também estava voltado para as partes mais periféricas e os bairros operários, especialmente o populoso distrito do Brás, que no início do século XX abrigava um terço da população paulistana, vivendo em condições habitacionais precárias, em áreas, na maioria, desprovidas de infra-estrutura. "A Municipalidade poderá prestar inestimável serviço – se puser em prática medida que estimule a construção de vilas operárias, higiênicas e razoavelmente confortáveis, em condições de remunerar o capital empregado, sem extorquir o minguado salário do operário [...]"[3]

É dentro desse espírito que Silva Teles vai elaborar diretrizes de intervenção para toda a área urbanizada da cidade. A discussão das questões envolvendo a área central surge nesse contexto mais global de análise.

O projeto de intervenção para o Vale do Anhangabaú

A publicação de *Os melhoramentos de São Paulo*

Esse projeto é trazido a público a partir da edição de um pequeno livro que Silva Teles escreve em 1906 e publica no ano seguinte, intitulado *Os melhoramentos de São Paulo*.

Teles inicia esse trabalho analisando o intenso crescimento paulistano, o maior registrado entre todas as cidades brasileiras (e praticamente sem similar no mundo), em que a população decuplicara em trinta anos. Em face desse progresso material, tornava-se indispensável que a municipalidade se estruturasse em termos organizacionais para poder, por meio de uma diretoria de obras bem consolidada, estabelecer parâmetros reguladores para esse crescimento, disciplinando a expansão dos novos bairros periféricos e promovendo correções na área central – indispensáveis para a escala que a capital paulista estava assumindo.

---

[3] Augusto Carlos da Silva Teles, *Os melhoramentos de São Paulo* (São Paulo: Escolas Profissionais Salesianas, 1907), p. 47.

A parte mais substancial desse trabalho é aquela que se refere às intervenções no setor central da cidade, abrangendo a colina histórica situada entre os vales dos rios Tamanduateí e Anhangabaú.

O aspecto da circulação viária apresenta-se como o maior desafio a ser enfrentado, necessitando intervenções imediatas. Os alargamentos e correções nos alinhamentos viários que a prefeitura vinha realizando nos últimos anos não tinham sido suficientes para compatibilizar a função polarizadora dessa área com o crescente fluxo de veículos e coletivos que por aí transitavam diariamente. Assim, destaca como obra urgente o alargamento de alguns cruzamentos onde essa intensidade de tráfego era maior, como "[...] aquele em que se cortam as ruas de São Bento e Direita, aquele em que da rua de São Bento parte a ladeira de São João na praça Antônio Prado, a rua 15 de Novembro, quando cortada pela rua do Tesouro, a rua de São João cruzando-se com a rua Líbero Badaró"[4] (fig. 60).

Esses quatro locais eram aqueles de maior concentração de linhas de bondes em todo o Centro Velho. A praça Antônio Prado sediava o ponto inicial de quase todas as linhas desse transporte que partiam do Centro em direção aos bairros situados nas zonas Oeste e Norte; e o cruzamento da rua Direita com a de São Bento, também conhecido como "quatro cantos", era o ponto de maior movimento de pedestres, pois era ali que as duas maiores ruas comerciais da cidade se encontravam (nesse local futuramente seria feito um alargamento que daria origem à praça do Patriarca).

Outro melhoramento importante a ser empreendido, segundo a visão de Teles, era o referente à adequação da rua Líbero Badaró:

> A nossa antiga rua de São José impõe-se seja radicalmente transformada. O seu alargamento constitui medida de primordial importância para esta capital.

Fig. 60 - Os pontos de maior congestionamento da cidade em 1906 eram, segundo o vereador Silva Teles, as esquinas das ruas de São Bento com Direita, de São Bento com São João, São João com Líbero Badaró e o largo do Tesouro (15 de Novembro com General Carneiro).

Fonte: Vítor da Silva Freire Júnior, "Códigos sanitários e posturas municipais sobre habitações. Um capítulo de urbanismo e de economia nacional", em *Boletim do Instituto de Engenharia*, vol. I, nº 3, São Paulo, fevereiro de 1918, pp. 229-427.

---

[4] *Ibid.*, p. 38.

Não representa este melhoramento tão-somente dotar o Centro da cidade de uma rua ampla, que aliviará consideravelmente a movimentação central, trazendo conforto à população; esta simples consideração tornaria imprescindível a transformação desta viela acanhada, sombria e mal habitada, em uma *avenida* que estará fadada a ser a mais bela rua da capital.

[...] Refiro-me à desapropriação da face ímpar da rua Líbero Badaró, o que ulteriormente seria complementado pela desapropriação da face par da ladeira Doutor Falcão.

Daríamos ao Centro da cidade um verdadeiro desafogo, dotaríamos São Paulo de uma bela avenida central, dominando esse vale sob os dois viadutos, hoje tão mal aproveitado e que poderá transformar-se em um sítio encantador.

Seria o complemento indispensável ao belo e imponente Teatro Municipal, que mal se compreende tenha como panorama da cidade essa fila repugnante de fundos de velhas e primitivas habitações.

Oportunamente deverá ser empreendida a desapropriação das casas, face ímpar da rua Formosa. Evitar-se-á assim que apresente o Teatro Municipal para quem a ele se dirige, indo da cidade pelo viaduto, como primeiro plano de perspectiva, fundos de velhas casinholas da rua Formosa; só assim conseguirá esta justificar o nome com que se orna.[5]

Essa proposta de melhoramentos imaginada por Silva Teles seria o embrião de um plano que pouco tempo depois apresentaria na Câmara.

A primeira versão do projeto propõe assim que a rua Líbero Badaró – que até então era uma estreita e íngreme rua situada nos "fundos" da colina central, e por isso abrigando inúmeros cortiços (era também conhecida como a rua do *bas-fonds* paulistano, onde se localizava a zona do meretrício) – passasse, com esses melhoramentos, à categoria de rua mais importante da cidade – a Avenida Central dos paulistanos.

Inicia-se assim o processo de consolidação da valorização desse local e de sua posterior polarização das funções centrais da cidade.

O trecho íngreme da Líbero Badaró, devido ao rebaixamento de seu leito carroçável no ponto do cruzamento com a rua de São João – trecho esse que Vítor Freire designava de "montanha-russa" –, seria devidamente aterrado e aplainado para que a rua se transformasse numa avenida com capacidade de escoar com facilidade o intenso movimento dos bondes que por ela passariam a transitar.

---

[5]   *Ibid*., pp. 41-42 (grifo nosso).

Assim, essa avenida ladearia, a cavaleiro, a encosta da colina central da cidade de maneira que se tornasse um belvedere contínuo e integrado à paisagem formada pelo vale, pelo Viaduto do Chá e pelo futuro teatro – este, o símbolo máximo da cultura cosmopolita que a moderna capital deveria ostentar e que a burguesia cafeeira e industrial tanto ensejava demonstrar.

Afinal, o teatro era "o edifício mais importante de todo o estado de São Paulo",[6] merecendo, portanto, ser emoldurado por uma obra de porte que seria a primeira artéria viária com esse *status* no Centro da cidade – o de uma *avenida*[7] (fig. 61).

Fig. 61 - Em 1911, por ocasião da inauguração do Teatro Municipal, o Vale do Anhangabaú ainda recebia os fundos dos pequenos sobrados existentes nas ruas Formosa e Líbero Badaró.

Fonte: Ernani da Silva Bruno, *História e tradições da cidade de São Paulo* (Rio de Janeiro: José Olympio, 1954).

A Indicação nº 147 apresentada à Câmara Municipal em 1906

Pouco tempo após a elaboração desse estudo, Silva Teles apresenta à Câmara Municipal uma nova versão para esse projeto (Indicação nº 147, de 15-9-1906), que se tornaria de grande importância porque daria origem a uma polêmica sobre os melhoramentos da área central da cidade que só se encerraria com o plano Bouvard, em 1911, e sua posterior execução, entre 1911 e 1917.

Nessa indicação, Teles estende seu plano de intervenção para toda a área envoltória do Vale do Anhangabaú. Além do alargamento da Líbero Badaró, seria dado um tratamento paisagístico à região do fundo do vale, onde poderia, até mesmo, existir uma outra avenida "artisticamente traçada":

---

[6] Ernani da Silva Bruno, *História e tradições da cidade de São Paulo* (Rio de Janeiro: José Olympio, 1954), p. 1467.

[7] Essa é a primeira vez que o conceito de *avenida* é aplicado a um logradouro na região central paulistana. Segundo o dicionário de Aurélio Buarque de Holanda, essa palavra tem o significado de "logradouro, mais largo e importante que a rua, para a circulação urbana, geralmente com árvores". O termo simbolizava o progresso e a modernidade que os governantes queriam imprimir nas áreas centrais e mais valorizadas da cidade. Esteve presente nas obras de renovação urbana empreendidas poucos anos antes por Pereira Passos na capital da República. Esta foi certamente a principal influência de sua aplicação no Centro de São Paulo. O termo "avenida", no entanto, já aparecia em algumas ligações viárias periféricas (do tipo das estradas) e em vias principais de loteamentos elegantes realizados longe do Centro da cidade. Assim, pelo exame de documentos históricos e plantas do século XIX, percebe-se que essa designação já aparecia em 1877 na "avenida da Luz". Na planta de 1890 aparece na ainda projetada "avenida do Ipiranga". Em 1894 já era adotada pela prefeitura a designação oficial de "avenida Higienópolis" para o logradouro principal dos Boulevards Burchard (ver Maria Cecília N. Homem, *Higienópolis: grandeza e decadência de um bairro paulistano*, vol. 17 da Série História dos Bairros de São Paulo (São Paulo: Secretaria Municipal de Cultura, 1980). Na planta da cidade de 1897 já constavam a "avenida 5 de Outubro" (Água Branca), a "avenida Municipal" (Doutor Arnaldo) e a "avenida Paulista". E, nesse ano de 1906, a "avenida Brigadeiro Luís Antônio" – cf. Luís Bueno de Miranda, *Melhoramentos do centro da cidade* (São Paulo, Sociedade Amigos da Cidade, 1945). Todas, portanto, fora da área central da cidade.

> Acredito que o prolongamento da rua Anhangabaú poderá resolver uma parte do problema, pois essa rua, cortando o vale do viaduto e indo ter ao largo do Riachuelo, ligará naturalmente dois centros da cidade; hoje, dificilmente comunicáveis.
>
> Por conveniência, pode-se fazer uma rua artisticamente traçada, que melhorará consideravelmente aquele sítio.
>
> Procedendo-se com método, poder-se-á obter também a demolição das casas, face ímpar da rua Líbero Badaró, que dão para o vale do viaduto, zona que será convenientemente aproveitada, trazendo, com o alargamento da rua Líbero Badaró, uma nova artéria de movimento para a cidade; ao mesmo tempo, uma rua que seja traçada em prolongamento da rua Anhangabaú ao largo do Riachuelo dará um percurso mais conveniente aos bondes, que atualmente têm que subir a rua de São João e a rua Líbero Badaró, para ganhar a ladeira Doutor Falcão e o largo do Riachuelo.[8]

Nessa exposição de motivos, Silva Teles já em 1906 faz referência a alguns princípios que só nos anos 1910 seriam tratados por urbanistas brasileiros. O projeto de uma rua de traçado artístico é um deles. Uma idéia bastante inovadora para os padrões de retilinearidade adotados aqui não só pela imposição do Padrão Municipal de 1886, até então em vigor, como também por influência do urbanismo parisiense da época do prefeito Georges-Eugène Haussmann. Um traçado artístico lembra mais os princípios do urbanismo inglês ou aqueles do arquiteto austríaco Camillo Sitte, ambos defensores de uma concepção mais orgânica para a disposição viária, sem as limitações impostas pelos rigores da ortogonalidade ou da geometria. O projeto de uma "avenida", nesse caso, é substituído pelo de duas ruas – a rua Líbero Badaró e a Anhangabaú.

Outra idéia inovadora é utilizar um fundo de vale para uma ligação viária, uma vez que a forma usual de abrir caminhos era pelos espigões ou pela meia encosta, locais que não apresentavam problemas de drenagem. Essa proposta passa assim a valorizar esses espaços, invertendo padrões tradicionais de ocupação de acordo com os quais os vales e rios eram destinados ao despejo de dejetos domésticos e a eles só se voltavam os quintais dos fundos das casas (fig. 62).

A indicação sugere, portanto, que se faça "prevenir, desde já, a obrigação de dar às construções a serem feitas sob o vale do viaduto uma *fachada de frente* para o mesmo vale".[9]

Essa disposição significa que o vale passaria a não mais desempenhar o papel funcional de ser "o quintal dos fundos" das áreas urbanizadas do Centro Velho e do Centro Novo, mas passaria a ser o

---

[8] *Anais da Câmara Municipal de São Paulo*, cit., 1906, p. 127.

[9] *Ibid*., 1906, p. 12 (grifo nosso).

"jardim da frente" desses espaços centrais, polarizando e interligando as funções associadas a essa centralidade. De tal maneira que o grande espaço aí produzido seria emoldurado pelas fachadas das novas edificações e palacetes situados nas ruas Formosa e Líbero Badaró (fig. 63).

É importante ressaltar que essa proposta do vereador Silva Teles continha todos os mais importantes elementos presentes nos futuros planos de melhoramentos para o setor central que seriam desenvolvidos pela Diretoria de Obras Municipais e pelo urbanista francês Joseph-Antoine Bouvard. Tais elementos, observados quando da conclusão das obras de remodelação do Vale do Anhangabaú, seriam:

Fig. 62 - Nesta foto do Vale do Anhangabaú, realizada por volta de 1903, o ribeirão já aparece canalizado, percorrendo o meio de fundos de quintais e terrenos baldios. A proposta de Teles previa então uma inversão dessa polaridade, pois as casas deveriam ter uma fachada voltada para o vale – que seria então transformado em local aprazível e ajardinado.

Fonte: Geraldo Sesso Júnior, *Retalhos da velha São Paulo* (São Paulo: Gráfica Municipal, 1983).

- a transformação do vale em um parque ajardinado entrecortado por uma rua de traçado orgânico;
- o alargamento da Líbero Badaró e a demolição de parte das casas situadas nesse logradouro e na rua Formosa, com fundos voltados para o vale;
- a obrigatoriedade de fazer com que as eventuais casas que se construíssem na face ímpar da Líbero Badaró tivessem uma segunda frente voltada para esse vale (esse fato ocorreu quando os dois palacetes do conde de Prates e a Casa Weisflog foram edificados em meados da década de 1910) (fig. 64).

A inovação introduzida pelo engenheiro Silva Teles deve-se, sobretudo, à sua *visão de conjunto* sobre os problemas urbanos. Nesse sentido ele pode ser considerado um pioneiro do urbanismo paulistano.

A visão urbanística mais consistente e teoricamente fundamentada seria, no entanto, desenvolvida pouco tempo depois por Vítor da Silva Freire – o então diretor de obras da prefeitura, como será visto a seguir.

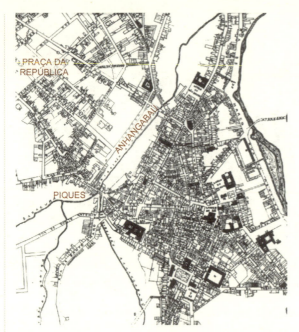

Fig. 63 - O Vale do Anhangabaú, no início do século XX, era considerado o "quintal dos fundos" tanto dos espaços situados na colina histórica quanto daqueles situados no morro do Chá. A ocupação do loteamento nas terras do barão de Itapetininga havia se iniciado a partir da região do Piques e da praça da República, como mostram as manchas de ocupação nesse mapa de 1881. Outras fotos de Militão do fim dessa década confirmam o fato – ver a fig. 57, p. 79.

Fonte: Prefeitura Municipal de São Paulo, "Planta da cidade de São Paulo" levantada pela Companhia Cantareira e Esgotos, Henry B. Joyner, 1881, em *São Paulo antigo: plantas da cidade* (São Paulo: Comissão do IV Centenário, 1954).

O projeto da Prefeitura Municipal

Alguns antecedentes

Em 1907, portanto logo após o vereador Silva Teles ter publicado suas idéias no livro *Os melhoramentos de São Paulo* e já quase um ano após a apresentação de sua indicação na Câmara Municipal, a Diretoria de Obras Municipais resolve estudar mais detidamente o assunto.

A partir de então, dois processos simultâneos passam a acontecer:

1. De um lado, o projeto de Teles estava sendo aperfeiçoado pela Diretoria de Obras Municipais da Prefeitura. Tanto Vítor Freire, diretor, quanto seu vice, Eugênio Guilhem, se ocupariam em desenhar as plantas e perspectivas do projeto e de apresentá-lo de forma integrada a outros melhoramentos para a área central.

2. De outro lado, a tramitação da Indicação nº 147/1906 na Câmara Municipal produzia acirrados debates envolvendo membros das comissões de Obras, de Justiça e de Finanças e os representantes dos interesses dos proprietários de terras da região do Vale do Anhangabaú, embates estes que se estenderiam até 1910. Essa celeuma seria contornada por meio de uma solução conciliadora proposta pelo vereador Sampaio Viana em sessão de 4 de junho na Câmara e que seria aprovada sob a forma da Lei nº 1.331, de 6-6-1910. Nessa lei fica permitido que se construa em todo o lado ímpar da Líbero Badaró, desde que os edifícios sejam recuados em no mínimo 8 m, para permitir o alargamento dessa rua. Essa lei, portanto, modifica bastante o plano original de Silva Teles.

Em novembro de 1910, no fim de sua gestão, o então prefeito Antônio da Silva Prado, preocupado com a exigüidade de recursos disponíveis pela municipalidade para a execução dos melhoramentos do Centro da cidade, nomeia uma comissão para negociar com o governo estadual um reforço a seu orçamento. Esse reforço poderia advir tanto da cessão do imposto predial ao município quanto da consignação de um auxílio direto.

Em 26 de novembro, essa comissão inicia seus trabalhos e, em 6 de dezembro, entrega ao Legislativo estadual

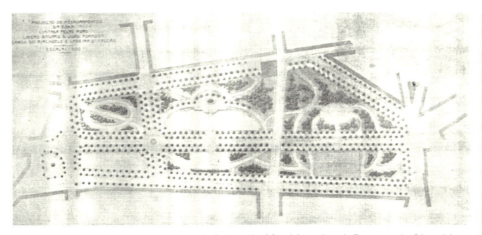

Fig. 64 - Esta planta dos melhoramentos do Anhangabaú foi elaborada pela Diretoria de Obras Municipais a partir da proposta de Silva Teles. Foi apresentada em 1907 e se constituiu na primeira versão do projeto da prefeitura. A proposta de uma rua "artisticamente traçada", segundo a idéia de Teles, aparece aqui sendo solucionada através de uma alameda retilínea arborizada e entrecortada por diversos passeios laterais em curvatura. Tal concepção de traçado artístico seria depois mais bem estudada por Vítor Freire, com base nos princípios de Camillo Sitte – os mesmos adotados por Bouvard.

Fonte: Prefeitura Municipal de São Paulo, *Relatório de 1911 apresentado à Câmara Municipal de São Paulo pelo prefeito Raimundo Duprat* (São Paulo: Vanorden, 1912), p. 6.

uma representação em que é apresentada uma justificativa expondo as dificuldades financeiras do município em face do rápido crescimento por que passava a capital e em que defende a urgente necessidade de se iniciarem as obras de expansão da área central de forma que se resolvesse o problema da circulação no Centro comercial:

> Diante, pois, das condições econômicas do município, não pode sequer a sua administração alimentar a esperança de reformar o Centro da cidade [...] melhorando a área comercial, quanto mais traçar e executar avenidas que os progressos do estado estão a exigir. [...] Mas, para se tornar efetivo este plano, não encontra na Câmara os elementos precisos, e então só vê um recurso, que é o de se dirigir ao Poder Legislativo do Estado pedindo o auxílio necessário para essas obras de caráter extraordinário, auxílio este que o estado poderá prestar em cinco ou seis orçamentos e que muito contribuirá para a renovação desta parte central da cidade.[10]

---

[10] Prefeitura Municipal de São Paulo, *Relatório de 1911 apresentado à Câmara Municipal de São Paulo pelo prefeito Raimundo Duprat* (São Paulo: Vanorden, 1912), p. 6.

De fato, o Congresso aprovaria esse pedido em curto prazo, de tal forma que o governo estadual fosse dotado de uma verba de 10 mil contos de réis para a obra. Já em seu orçamento consignado em 31 de dezembro do corrente ano, por meio da Lei nº 1.245, dizia:

> Fica o governo do estado autorizado a:
>
> 1º) Mandar proceder a estudos, projetos e orçamentos para melhoramentos na parte central da capital;
>
> 2º) Entrar em acordo com a Câmara Municipal da capital, para realizar esses melhoramentos, podendo despender até a quantia de 10.000:000$000, e abrindo os necessários créditos.[11]

Três dias depois, ao encerrar seu mandato, o prefeito Antônio Prado, em função desse fato, decide enviar ao então presidente do estado, o senhor Manuel Joaquim de Albuquerque Lins, uma cópia do projeto final dos melhoramentos da área central da cidade que a Diretoria de Obras Municipais estava elaborando desde 1907 e concluíra pouco tempo antes (em 5-12-1910).

O projeto "Melhoramentos do Centro da cidade de São Paulo"

Nesse momento é divulgado, pela Diretoria de Obras Municipais, um documento intitulado "Melhoramentos do Centro da cidade de São Paulo", contendo o projeto da autoria de Vítor Freire e Eugênio Guilhem, respectivamente diretor e vice-diretor da Diretoria de Obras Municipais.

A intenção desse projeto era permitir que o plano de Teles assumisse uma dimensão maior, de maneira que se resolvesse o problema da circulação viária na área central, cuja estrutura era inadequada para comportar o intenso tráfego de bondes e automóveis, que haviam surgido naquela década, como também adequar a fisionomia da cidade à sua condição de próspera capital comercial. Só assim "São Paulo ocupará um dos primeiros lugares entre as cidades modernas civilizadas do continente sul-americano"[12] (fig. 65).

No plano assim exposto, de acordo com a ilustração, além da transformação da Líbero Badaró em bulevar (contrariando, portanto, as disposições da Lei nº 1.331, já aprovada) e do ajardinamento do vale, podem-se identificar diversos aspectos inovadores:

---

[11]   *Ibid.*, p. 7.

[12]   Prefeitura Municipal de São Paulo, *Melhoramentos do Centro da cidade de São Paulo: projeto apresentado pela Prefeitura Municipal* (São Paulo: Tip. Brasil de Rothschild, 1911), p. 6.

- A avenida São João seria alargada até 40 m desde o seu início, na praça Antônio Prado, até o largo do Paissandu. Nesse trecho seria construído sobre o leito da rua um imenso viaduto em alvenaria com 14 m de largura, de maneira que essas duas praças se comunicassem em nível e que se facilitasse assim o trânsito de veículos provenientes dos bairros dos Campos Elísios e de Higienópolis em direção à cidade.

- A Líbero Badaró, já alargada, seria prolongada após o largo de São Francisco até atingir a rua de Santo Amaro, já na Bela Vista. Dessa forma, ficaria estabelecida uma comunicação viária direta entre a Estação da Luz e a avenida Paulista, através da ligação Viaduto de Santa Ifigênia, rua Líbero Badaró, rua de Santo Amaro e avenida Brigadeiro Luís Antônio.

- A rua 11 de Junho (atual Dom José de Barros) seria prolongada do largo do Paissandu até atingir o largo de Santa Ifigênia, de maneira que se criasse um percurso direto e em nível comunicando a Estação da Luz com o Viaduto do Chá (pelo trajeto Conceição, 11 de Junho e Barão de Itapetininga). Esse novo trajeto substituiria a tradicional ligação da Luz com o Centro da cidade pela rua Brigadeiro Tobias. Tal percurso poderia também ser utilizado para a ligação do bairro de Higienópolis com as estações (pelas ruas Dona Veridiana, Marquês de Itu, praça da República, Barão de Itapetininga, 11 de Junho e Conceição).

- A rua Boa Vista seria prolongada através de um viaduto até o Pátio do Colégio, facilitando as comunicações entre a região das estações (Luz e Sorocabana) e a praça da Sé (através do Viaduto de Santa Ifigênia).

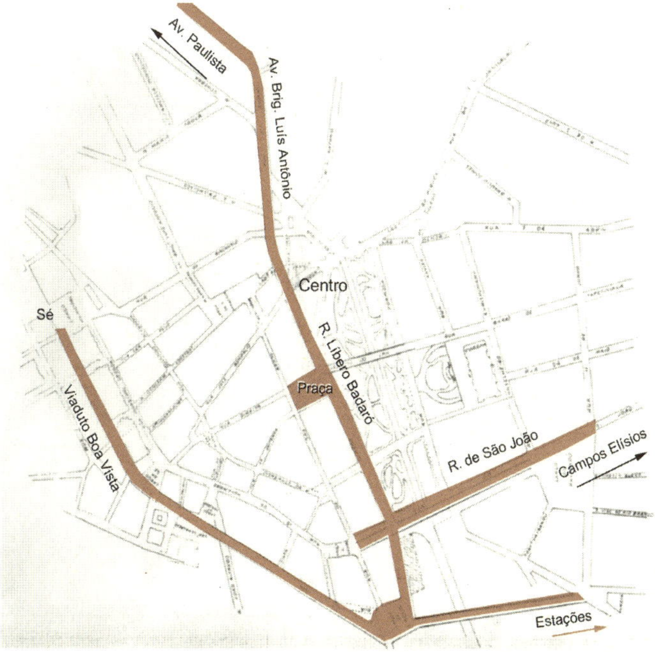

Fig. 65 - Na planta geral dos melhoramentos para a área central, elaborada pela Diretoria de Obras Municipais no fim da gestão de Antônio Prado, constam o alargamento da Líbero Badaró e seu prolongamento até a Brigadeiro Luís Antônio (ligação estações–avenida Paulista), o alargamento da rua de São João com a construção de um viaduto sobre o vale (ligação Centro–Campos Elísios), a construção do Viaduto Boa Vista (que, conectando-se com o de Santa Ifigênia, estabeleceria uma ligação direta entre a Sé e as estações), a abertura de uma rua comunicando a Barão de Itapetininga com a rua Conceição (visando facilitar as ligações do Centro da cidade com a Estação da Luz) e a abertura de uma praça na rua Direita em frente ao Viaduto do Chá (futura praça do Patriarca).

Fonte: Prefeitura Municipal de São Paulo, *Relatório de 1911 apresentado...*, cit.

- Próximo ao ponto de maior congestionamento da cidade – o encontro das ruas Direita e de São Bento – seria aberta uma grande praça (a futura praça do Patriarca), para facilitar o trânsito nesse ponto e em suas conexões com a rua Líbero Badaró e o Viaduto do Chá.

Com essas cinco intervenções, conseguir-se-ia descongestionar o Centro comercial da cidade, dilatando a região do Triângulo e ainda embelezando-o com o ajardinamento do vale, tal como se fizera nas mais importantes cidades européias. "Devemos imitar os escoceses [...] Glasgow tem, dentro da cidade acidentada, jardins encantadores [...] São Paulo possui uma topografia que se presta admiravelmente a melhoramentos da mesma ordem; devemos imitar os escoceses, ajardinando as zonas mais próximas do centro."[13] (fig. 66).

Fig. 66 - Este desenho ilustra melhor o projeto apresentado em 1910 pela Diretoria de Obras Municipais. Notar a alameda proposta unindo a rua de São Bento à esplanada do Teatro Municipal (com o prolongamento da travessa do Grande Hotel).

Fonte: Prefeitura Municipal de São Paulo, *Relatório de 1911 apresentado...*, cit.

Aproveitando a ocasião em que esse documento é divulgado, o prefeito Antônio Prado reitera o pedido de empréstimo, demonstrando que o projeto elaborado pela prefeitura pode ser adotado sem problemas, uma vez que está bem fundamentado e foi elaborado por técnicos competentes. Esse comentário, subestimando a capacidade técnica do governo estadual, é o que justamente deu origem às futuras disputas entre as duas esferas de governo sobre a questão.

Nesse documento, Prado explica ao governador:

> Ao deixar o cargo de prefeito, era minha intenção remeter à Câmara um plano das obras que, a meu ver, poderiam ser executadas para o prosseguimento conveniente dos melhoramentos que têm transformado a cidade nestes últimos dez anos. O fato, porém, de ter o Congresso do estado autorizado o governo a aplicar 10 mil contos nesses melhoramentos faz com que me dirija preferencialmente a V. Exa. [...] *As repartições técnicas do estado dispõem certamente de pessoal idôneo para confeccionar*

---

[13] *Ibid.*, p. 15.

qualquer plano de obras a executar; entretanto, pareceu-me conveniente entregar a V. Exa., como elemento de estudo, o plano incluso, que se recomenda não só pela comprovada capacidade profissional dos engenheiros que estudaram o assunto, os srs. Vítor da Silva Freire e Eugênio Guilhem, diretor e vice-diretor da Repartição de Obras da Municipalidade, como pela longa prática desses dignos funcionários nesse importante ramo da administração do município.[14]

Parecia assim tudo bem encaminhado para uma solução acertada e definitiva.

No entanto, o secretário da Agricultura decide de forma diferente. Contrata então o engenheiro Samuel Augusto das Neves[15] para a elaboração de um novo projeto de melhoramentos. O escritório de Neves já era conhecido nos meios técnicos da administração estadual, pois executara pouco tempo antes os estudos referentes à construção de uma penitenciária para a capital.

A versão preliminar do projeto de Neves foi publicada alguns dias mais tarde em página inteira no jornal *Correio Paulistano*, edição de 23 de janeiro. Com esse plano, o governo esperava solucionar também o impasse criado com a Cúria Metropolitana a respeito da localização da nova Catedral da Sé junto ao Paço Municipal[16] (fig.67).

Em intervenções de maior escala como essa, o governo estadual era quem tradicionalmente conduzia os trabalhos, não só financiando e executando, como também definindo as diretrizes do projeto. E, nessa ocasião, a municipalidade estava se pondo numa condição inédita até então, na posição de um órgão com competência técnica e autonomia administrativa suficiente para assumir tarefa de tal vulto. E esse fato, com certeza, apontava para a transformação das relações paternalistas que o governo estadual mantinha em relação à prefeitura, de acordo com as quais para esta última sobravam

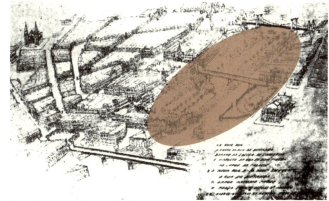

Fig. 67 - Nesta ilustração do projeto de Neves, estampada no *Correio Paulistano*, de 23-1-1911, é possível notar o tratamento diferenciado dado ao Vale do Anhangabaú, que passaria a ter construções em suas duas encostas.

Fonte: Hugo Massaki Segawa, *Alguns aspectos da arquitetura e do urbanismo em São Paulo na passagem do século*, trabalho de graduação interdisciplinar (São Paulo: FAU-USP, 1979).

---

[14] *Ibid.*, p. 3 (grifo nosso).
[15] Ver "Apêndice" no final do livro.
[16] Wilson Maia Fina, *Paço Municipal de São Paulo: sua história nos quatro séculos de sua vida* (São Paulo: Anhambi, 1962), p. 160.

apenas atribuições menores na área de obras públicas, como a polícia das construções particulares, os alinhamentos e a pavimentação de ruas.

A manchete no *Correio Paulistano* causou perplexidade na Diretoria de Obras Municipais, pois esta já julgava o problema resolvido, e não tinha sido sequer prevenida sobre a formulação de um novo plano de melhoramentos. Além do mais, a notícia do jornal previa que, com a adoção do projeto de Neves, a prefeitura ficaria com suas atribuições limitadas unicamente ao gerenciamento da execução das obras.

O projeto do governo estadual

Nesta ilustração, que acompanhou a notícia no *Correio Paulistano*, já é possível perceber algumas diferenças – por sinal, indicativas de elementos bastante contraditórios em relação ao partido adotado pelo projeto de Freire/Guilhem.

Embora ambos concordassem quanto à construção do Viaduto Boa Vista e quanto à abertura da praça do Patriarca, o projeto de Neves já propunha um outro viaduto, unindo o largo de São Francisco ao largo da Memória (em substituição ao Viaduto São João), permitindo também a reedificação na face ímpar da Líbero Badaró e abrindo no fundo do Vale do Anhangabaú uma imensa avenida-parque que se estenderia do Pari à avenida Paulista.

Todas essas diferenças serão criteriosamente analisadas e criticadas por Freire, em seu trabalho "Melhoramentos de São Paulo", que será apresentado a seguir.

O plano de Vítor Freire – Análise de "Melhoramentos de São Paulo"
O urbanista Vítor Freire

Vítor da Silva Freire (1859-1951) era natural de Portugal, tendo cursado a Escola Politécnica de Lisboa. Especializou-se na França, na École de Ponts et Chaussées, e em 1895 transferiu-se para o Brasil, vindo trabalhar com o engenheiro José Pereira Rebouças na Superintendência de Obras Públicas e na Comissão de Saneamento do Estado.

Em 1897 começa a lecionar na Escola Politécnica e em 1899 é convidado pelo então prefeito Antônio Prado para assumir o cargo de diretor de obras municipais de São Paulo. Acumula essas duas funções durante mais de 25 anos, período em que tem oportunidade de se relacionar com grandes personalidades do cenário urbanístico internacional, como Joseph Bouvard e Raymond Unwin.

Em 1911 realiza uma profunda análise da situação e dos problemas da área central paulistana, ocasião em que propõe uma série de intervenções integradas, que foram consolidadas em um trabalho intitulado "Melhoramentos de São Paulo", que pode ser considerado o primeiro plano urbanístico de São Paulo.

A conferência "Melhoramentos de São Paulo"

Os fatos preliminares apresentados no item anterior mostram a situação em que a questão dos melhoramentos da área central estava posta em meados de janeiro de 1911, logo após a saída de Antônio Prado da prefeitura e no início da nova gestão de Raimundo Duprat.

Vítor Freire, que permanecera em seu cargo à frente da Diretoria de Obras Municipais, sentiu-se na obrigação de dar uma resposta adequada àquela provocação publicada no *Correio Paulistano*. Aproveita então o início do período letivo na Politécnica e prepara uma aula inaugural abordando esse tema e ao mesmo tempo apresentando uma crítica detalhada ao projeto do governo estadual.

Em 15 de fevereiro, profere então a conferência intitulada "Melhoramentos de São Paulo", que logo a seguir viria a ter divulgação pública pelo nº 33 da *Revista Politécnica*.

Essa temática parece que estava preocupando a todos na ocasião. A polêmica surgia freqüentemente estampada nas páginas da imprensa, e não foi sem motivo que o Grêmio Politécnico decidiu estudar o problema, promovendo um seminário para a comunidade acadêmica. O convite acabou recaindo sobre Freire, que era o professor mais autorizado a falar sobre o assunto, devido à sua dupla atividade de docente e administrador público.

Nesse trabalho, Freire vai comparar a proposta elaborada minuciosamente pela municipalidade, ao longo de mais de quatro anos de discussões, com o projeto simplista da Secretaria da Agricultura, que fora concebido em menos de quinze dias, sendo desprovido até mesmo de uma exposição de motivos e de um memorial descritivo.

Esse discurso crítico, pelo seu próprio conteúdo analítico e propositivo, pode ser considerado o primeiro plano urbanístico de São Paulo, como será demonstrado a seguir. A estrutura de sua argumentação está organizada em torno de dois temas básicos:

1. a crítica ao projeto do governo estadual; e

2. o plano de Freire, em que expõe os critérios que julga corretos para a abordagem de um projeto urbano.

Dessa avaliação crítica surgirá o fator mais importante e inovador de seu discurso: a referência à experiência urbanística internacional. Não só aos então bastante conhecidos princípios da escola urbanística francesa – advindos das intervenções de Haussmann em Paris –, mas, sobretudo, à experiência posterior, que nessa época ainda estava restrita aos círculos técnicos europeus.

As então recentes remodelações nas áreas centrais de Buenos Aires e do Rio de Janeiro, assim como o plano urbanístico de Belo Horizonte, não haviam sequer levantado indagações sobre uma metodologia de intervenção que deixasse de copiar fielmente o modelo parisiense. Era, sobretudo, a prova de que nessa época a cultura francesa exercia domínio absoluto sobre os valores das elites sul-americanas, em especial, da brasileira, moldando conseqüentemente o ideário das políticas urbanas desta parte do mundo.

Assim, quando Freire passa a questionar em grande parte esses princípios e a demonstrar que algo mais inovador estava se processando em outros contextos – sobretudo na urbanística alemã –, seu discurso adquire legitimidade.

A crítica de Freire ao projeto do governo estadual

Crítica à abordagem parcial do projeto

Nessa conferência, Freire procura conduzir suas análises e propostas fundamentando-se numa visão holística, a mais abrangente possível sobre o tema. Denominará essa abordagem mais ampla da questão urbana de "visão de conjunto". Esse procedimento de análise dará origem posteriormente aos planos de conjunto, concebidos sempre se levando em consideração os diferentes aspectos da questão urbana, como, por exemplo, a abordagem viária, a sanitária, a estética e a das áreas de expansão periférica.[17]

Um dos principais pontos fracos do plano de Neves seria não possuir essa visão de conjunto, limitando-se unicamente a uma abordagem parcial em que a questão viária seria a privilegiada.

> [...] um projeto desta natureza não pode, não deve ser estudado sem um plano de conjunto, e que a consideração de uma só das faces do mero problema de ocasião pode conduzir a erros funestíssimos,

---

[17] Os "planos de conjunto" conceituados desta forma podem ser entendidos como os "planos urbanísticos" da época. Cabe salientar que em 1911 a palavra "urbanismo" era um vocábulo inexistente em língua portuguesa. Vítor Freire seria o responsável pela introdução desse termo, mas só em 1916, quando discorre sobre a cidade de Belo Horizonte. Ver Vítor da Silva Freire Jr., "A expansão da capital paulista e o seu Programa de Urbanização", em *Revista Brasileira de Engenharia*, vol. 6, nº 4, Rio de Janeiro, outubro de 1923, pp. 142-148.

suscetíveis de serem pagos mais tarde muito e muito caro? [...] O plano de conjunto dos "Melhoramentos de São Paulo" deve ser organizado com todo o cuidado. Nele têm de se fazer ouvir todos os que, como o estado, projetam levantar edifícios de certa importância. [...] É igualmente essencial, em seguida, fazer dele uma obra que não possa ser alterada a não ser de comum acordo.[18]

A seguir, Freire mostra sua indignação com a pretensão do governo estadual, que, querendo sobrepujar os argumentos e as atribuições da municipalidade, apresenta uma proposta de intervenção urbana falha, demonstrando total desconhecimento de fatos recentes e relevantes a respeito da ciência urbana, como, por exemplo, os cursos específicos das escolas técnicas alemãs e os do Town Planning Institute de Londres, cujos programas de ensino já contemplavam essa visão de conjunto.

A incoerência da proposta viária do projeto de Neves

A grande dificuldade a ser superada em relação à circulação da parte central da cidade era referente à questão da insuficiência da capacidade viária da colina central. O sistema viário da região precisava estar adequadamente dimensionado para poder receber e distribuir o grande fluxo de tráfego proveniente dos setores oeste e norte da cidade. Principalmente do movimento gerado pelas estações ferroviárias em direção à zona do Triângulo central (formado pelas ruas 15 de Novembro, Direita e de São Bento).

Não se pode esquecer que essa análise aborda a situação da cidade no ano de 1910, e nessa época o transporte ferroviário era o meio mais utilizado para as pessoas dirigirem-se à cidade de São Paulo.

Uma descrição do contexto urbano da época ajuda-nos a entender melhor a questão. Um viajante, assim que chegava à cidade e desembarcava na Estação da Luz, procurava encaminhar-se aos hotéis, que se situavam na região do Triângulo. Para lá chegar, a alternativa era o carro de aluguel (diligência) ou o bonde. E o trajeto até o Centro tinha duas variantes únicas:

1. Uma pela rua Florêncio de Abreu até o largo de São Bento e daí seguir pela rua 15 de Novembro (ou pela rua de São Bento) até atingir as imediações da rua Direita e da praça da Sé.

2. Outra saindo da Luz e tomando o caminho que segue pela encosta do Anhangabaú do lado oposto à Florêncio, ou seja, pela rua Brigadeiro Tobias, até chegar à rua de São João e aí atingir a praça Antônio Prado (nessa época a rua Conceição estava em fase final de obras e viria a substi-

---

[18] Vítor da Silva Freire Jr., "Melhoramentos de São Paulo", em *Revista Politécnica*, vol. 6, nº 33, São Paulo, fev.-mar. de 1911, p. 110.

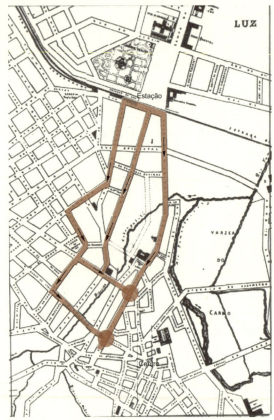

Fig. 68 - Os trajetos entre a Estação da Luz e o Centro da cidade eram marcados por uma série de pontos de congestionamento nas ruas do Triângulo, especialmente na de São Bento, Direita e praça Antônio Prado.

Fonte: Prefeitura Municipal de São Paulo, "Planta da capital do estado de São Paulo e seus arrabaldes", por Jules Martin, 1890, em *São Paulo antigo: plantas da cidade*, cit.

tuir a Brigadeiro Tobias assim que o Viaduto de Santa Ifigênia fosse inaugurado, em 1913) (fig. 68).

O que se nota então é que esse trajeto era de importância fundamental para que a cidade causasse uma primeira boa impressão ao turista recém-chegado. Esse turista, em geral um investidor estrangeiro, constituía-se no alvo principal das políticas públicas de caráter estetizante elaboradas pelos governos da época.

Portanto, qualquer que fosse o percurso escolhido, quando esse viajante atingisse a região do Triângulo iria deparar com um grande congestionamento de tráfego: veículos, bondes e pedestres disputando o exíguo espaço das poucas ruas existentes para atingirem a região da Sé e a rua Direita. Não se pode esquecer que a rua Boa Vista não se comunicava com o largo do Palácio (hoje Pátio do Colégio), porque o Viaduto Boa Vista ainda não existia. E a rua Líbero Badaró não oferecia condições adequadas de trânsito, devido à sua pequena largura e a uma acentuada declividade. Desta forma, todo o trânsito proveniente dos lados norte e oeste da cidade era obrigado a passar pela estreita rua de São Bento para poder chegar à rua Direita e ao Viaduto do Chá. Esse fluxo de tráfego era o mais intenso da cidade, pois, além do movimento das estações, chegava por aí a maior quantidade de passageiros dos bondes, vindos das linhas provenientes do lado oeste da cidade, que, segundo Vítor Freire,[19] representavam 40% do volume de passageiros transportados por todos os carros da Light.

Assim, todo esse movimento, ao chegar à praça Antônio Prado, distribuía-se pelo Centro Velho através de dois ramos: ou seguia pela rua 15 de Novembro até atingir a região do largo do Palácio, e depois do largo da Sé e rua Direita, ou então tomava o trajeto da rua de São Bento, caso o objetivo fosse atingir

---

[19] *Ibid.*, p. 106.

o Viaduto do Chá ou as imediações da rua Direita até a região do largo de São Francisco. Percebe-se desse modo que esses dois fluxos teriam sua concentração máxima situada ao longo da rua Direita.

É justamente no ponto de encontro dessa rua com a de São Bento (a conhecida esquina dos "quatro cantos") que seria registrada a maior conturbação do trânsito paulistano (fig. 70).

Naquela época, em que nem se cogitava na existência de semáforos, ali já era necessário tomar providências bastante inusitadas, como ter de postar um policial no meio da rua para interromper o tráfego de uma direção, enquanto o da outra passava.

Além do mais, o alargamento nesse ponto ainda não existia, pois a praça do Patriarca só foi inaugurada em 1926. Portanto, esse cruzamento reduzia-se apenas à largura das estreitas ruas de São Bento e Direita.

Essa explicação e contextualização foram apresentadas para mostrar a necessidade de procurar soluções alternativas para as ruas de São Bento e 15 de Novembro. E as soluções vislumbradas na época só

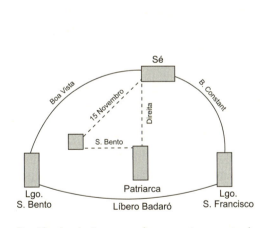

Fig. 69 - A solução para o descongestionamento da região do Triângulo dar-se-ia por meio da criação de novos percursos paralelos de forma que o Centro se ampliasse. Vítor Freire chamaria esse percurso de "circuito exterior".

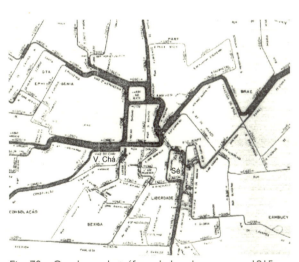

Fig. 70 - O volume de tráfego de bondes que, em 1915, se dirigia à rua Direita através do Viaduto do Chá é um bom parâmetro para se avaliar a gravidade dos congestionamentos registrados em 1911 nos "quatro cantos".

Fonte: Félix Ferraz, "Representação gráfica do volume de tráfego de bondes em S. Paulo", em *Revista Politécnica*, São Paulo, 1915.

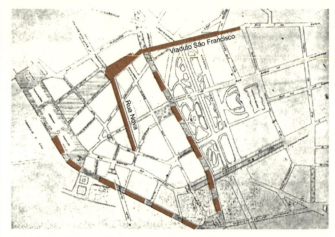

Fig. 71 - A diferença básica entre o projeto do governo estadual e o da prefeitura era, além do tratamento do vale, a proposta do Viaduto de São Francisco e o de uma rua nova interligando o largo de São Francisco à rua da Quitanda. Essas idéias presentes no projeto de Neves serão duramente criticadas por Vítor Freire.

Fonte: Prefeitura Municipal de São Paulo, *Relatório de 1911...*

poderiam ser duas: ou se alargavam essas ruas (o que era em grande parte inviável, dado o alto custo de desapropriação) ou se criavam circuitos alternativos paralelos a essas ruas.

Essa segunda alternativa foi a adotada. A rua 15 de Novembro, além de ter sua largura parcialmente ampliada, passaria então a ter seu trânsito aliviado pela rua Boa Vista, alargada e unida ao largo do Palácio pelo viaduto a ser ali construído sobre a ladeira General Carneiro. E a rua de São Bento teria seu tráfego aliviado pela paralela Líbero Badaró, também alargada e nivelada em seu ponto de cruzamento com a de São João. A Líbero Badaró passaria assim a receber quase todo o tráfego de bondes e automóveis da São Bento, liberando esta última para o uso preferencial dos pedestres (fig. 69 e trechos segmentados da fig. 71).

É sobre essa problemática que em especial vão se fundamentar as propostas concebidas tanto pela Diretoria de Obras Municipais quanto pela Secretaria da Agricultura.

Dessa forma, o plano elaborado por Samuel das Neves contemplará, no aspecto viário, várias das proposições já recomendadas pelo projeto da prefeitura e indicará algumas outras sugestões, as quais justamente foram objeto da crítica de Freire nessa sua conferência.

Assim, dos pontos concordantes, podem-se citar precisamente esses dois locais já mencionados: as ruas Boa Vista e de São Bento, onde são sugeridos alargamentos, além da abertura de uma praça entre a rua de São Bento, a Direita e a Líbero Badaró (atual praça do Patriarca).

Os aspectos peculiares da proposta de Neves seriam fundamentalmente a construção do Viaduto de São Francisco, unindo esse largo à rua Xavier de Toledo (passando sobre o largo da Memória), a abertura de uma rua nova interligando o largo de São Francisco à rua da Quitanda, na altura em que esta cruza com a rua do Comércio (hoje rua Álvares Penteado), e a solução diferenciada para o lado ímpar da Líbero Badaró: em vez de belvedere, como propunha Freire, Neves permitiria a construção de dois extensos conjuntos edificados ao longo do eixo norte-sul do vale, interrompendo a integração visual buscada entre a esplanada do teatro e a Líbero Badaró (fig. 72).

Assim, Freire vai centrar sua crítica na abertura dessa "rua nova" (que termina na rua da Quitanda), mostrando que ela se apresenta incoerente com o restante da proposta, uma vez que, ao receber o tráfego proveniente do Viaduto de São Francisco, ela o conduziria diretamente à região da rua Boa Vista sem necessidade então da existência do viaduto nessa rua. Além do mais, o desvio do tráfego por esse trajeto deixaria a praça da Sé isolada, denotando assim certa falta de confiança no potencial dessa área para futura expansão do Centro. Nesse caso, essa expansão acontecendo pelo outro lado traria a necessidade de um viaduto sobre a avenida São João, e não desse de São Francisco.

Uma outra maneira de demonstrar a inconsistência das proposições de Neves é por meio de um estudo preliminar do tráfego na área central. Freire mostra que, analisando-se o movimento dos passageiros transportados pelas linhas de bondes da cidade, percebe-se um nítido gradiente no fluxo vindo dos bairros de noroeste (40% do total de passageiros transportados/ano), enquanto nas outras direções a movimentação é bem menor: sudoeste com 22%, sudeste com 24% e nordeste com 14%.[20]

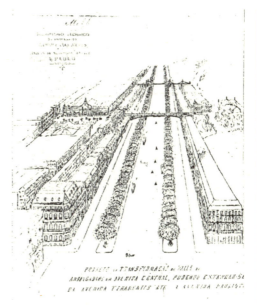

Fig. 72 - O tratamento para o vale proposto por Neves não esconde sua intenção de favorecer os interesses particulares do proprietário da maioria dos terrenos aí situados – o conde de Prates. Amigo pessoal de Neves, o conde encomendaria posteriormente a esse engenheiro diversos projetos para suas propriedades na rua Líbero Badaró.

Fonte: Secretaria Estadual de Agricultura, Comércio e Obras Públicas, *Relatório anual*, São Paulo, 1911.

Dessa forma, *os melhoramentos viários deveriam privilegiar essa entrada voltada para noroeste, no caso, o eixo da avenida São João*, e não as melhorias sugeridas para os lados do largo de São Francisco (fig. 73).

Um outro ponto negativo advindo ainda da abertura dessa rua seria seu entroncamento final com a travessa da rua da Quitanda e a do Comércio. Nessa desembocadura haveria cinco ramos concorrendo num único ponto, criando uma situação ainda pior que a dos "quatro cantos". Essa situação, classifica-

[20] *Ibidem*.

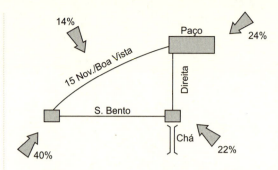

Fig. 73 - O volume do tráfego de bondes é utilizado por Freire para provar que as propostas de Neves são infundadas, uma vez que centram suas intervenções na região sul da colina central, quando, na verdade, os maiores problemas de circulação se encontram na vertente oeste.

da por Freire como "um dos produtos mais detestáveis do retalhamento das cidades",[21] também já era criticada por Camillo Sitte,[22] como se vê no trecho a seguir:

"Num único caso será indispensável distribuir a circulação, e é nos lugares em que muitas ruas se reúnem em encruzilhada. Esses lugares são tão incômodos para a circulação como desagradáveis à vista. Este produto da arte moderna de construir cidades deveria ser exterminado por toda parte em que aparecesse, como conseqüência acessória do parcelamento. É muitas vezes bem simples fazer desaparecer semelhantes encruzilhadas. Basta substituir à praça irregular um quarteirão de casas da mesma dimensão. Obedece-se por esta forma ao excelente costume dos antigos, que dissimulavam todas as irregularidades estrídulas das praças nos terrenos edificados e faziam-n'os assim embeber-se nos muros, o que equivale ao desaparecimento" (Sitte, 1902). Para resolver um problema destes, devemos deixar-nos guiar em cada caso pelas circunstâncias. Se, pelo ponto dado passam uma ou duas vias de comunicação de primeira ordem, devemos conservá-las, fazendo sumir-se as embocaduras das acessórias. Depois, desviando, obliquando, curvando ou quebrando o alinhamento das ruas, é possível evitar estes lugares críticos. [...] Em certos casos, uma dessas encruzilhadas poderá ser transformada em jardim público completamente cercado de casas.[23]

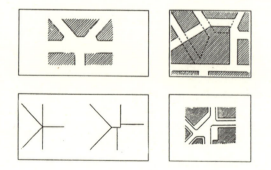 

Fig. 74 - Freire retira do livro de Sitte uma série de exemplos de como solucionar corretamente um entroncamento viário onde várias ruas convergem num único ponto. Esses exemplos servem para criticar a proposta de Neves relativa à abertura de uma nova rua cruzando o interior da zona do Triângulo histórico.

Fonte: Vitor da Silva Freire Jr., "Melhoramentos de São Paulo", em *Revista Politécnica*, São Paulo, vol. 6, nº 33, fev.-mar. de 1911, pp. 91-145.

---

[21] *Ibid.*, p. 109.

[22] Ver "Apêndice" no final do livro.

[23] Vítor da Silva Freire Jr., "Melhoramentos de São Paulo", cit., p. 110.

Os desenhos constantes na figura 74 representam essas idéias. O quarto desenho mostra um cruzamento onde se procurou evitar que diversas artérias se encontrassem num único ponto.

Com base nessa orientação, Freire vai propor que, caso a abertura dessa rua se justifique, ela deverá ser projetada de tal forma que tenha seu cruzamento final realizado em dois pontos distintos. Deslocando-a mais para o lado da rua Direita e lançando-a em curva, seu traçado permitiria que cortasse os três quarteirões de maneira ortogonal, facilitando a construção de prédios de esquina e desembocando em um pequeno largo no encontro final com a rua da Quitanda (último desenho da fig. 74). Ou então, seguindo o exemplo da cidade de Darmstadt, que apresentou solução para idêntico problema na exposição alemã dos municípios de Dresden (fig. 75).

A ausência de "sentimento artístico"

Da mesma forma que o projeto do governo apresenta falta de sustentação em aspectos técnico-viários, inconsistência semelhante vai se dar em relação à questão estética. "É que, para resolver problema desta ordem, dos quais pode resultar uma monstruosidade que deforme para sempre a nossa capital, são necessários requisitos que a Secretaria da Agricultura nem parece aperceber-se."[24]

Para reforçar esse seu comentário, Freire vai recorrer ao arquiteto belga Arthur Vierendeel, que em sua memória *Traçado de ruas e praças públicas*, de 1905, diz:

> Traçar uma rua ou um bairro de cidade é criar uma obra d'arte do mesmo modo que elaborar o plano de um monumento ou pintar um quadro, eis o princípio fundamental que as administrações

Fig. 75 - Freire usa o exemplo do plano de um subúrbio da cidade de Darmstadt, na Alemanha, para mostrar o correto equacionamento da questão dos entroncamentos viários. Mais um argumento para criticar a encruzilhada, entre a rua do Comércio e a da Quitanda, proposta por Neves. Freire retirou esse exemplo dos anais da 1ª Exposição de Urbanismo, realizada em Dresden, Alemanha, no ano de 1903.

Fonte: Vítor da Silva Freire Jr., "Melhoramentos de São Paulo", cit., pp. 91-145.

---

[24] *Ibid.*, p. 123.

perderam muitas vezes de vista. [...] as necessidades modernas de ordem técnica e higiênica devem ser satisfeitas, sem a mínima restrição [...] tudo isso, porém, deve ser realizado com arte e aí está o ponto difícil do problema.[25]

E, para concluir essa crítica, completa com Sitte, utilizando o trecho de seu livro em que comenta as resoluções tomadas pela Liga dos Arquitetos e Engenheiros Alemães (a Verbandes Deutsches Architekten-und-Ingenieure Verein) em 1874:

> Tem o voto da sociedade verdadeira importância porque afirma a impossibilidade de atingir um bom resultado com o concurso exclusivo das administrações. Por que não fazer executar também planos de catedrais, não encomendar quadros históricos ou compor sinfonias por via administrativa? Seria igualmente judicioso. A razão está em que precisamente uma obra de arte não pode ser criada por comissões ou repartições, mas somente por um indivíduo. Uma planta de cidade que deve produzir efeito artístico é ainda uma obra de arte, e não uma simples operação de viabilidade.[26]

O objetivo de Freire com essas citações é procurar demonstrar que qualquer proposta de intervenção urbana só poderá ser esteticamente bem resolvida se for concebida por um único indivíduo, e não por uma equipe de burocratas. Assim, defende mais uma vez a experiência das cidades alemãs, que para essa finalidade contratam sempre um profissional especializado externo – o urbanista – tal qual um Joseph Stübben[27] (que realizara planos para mais de quarenta cidades) ou um Friedrich Puetzer (autor do projeto de Darmstadt).

Dessa forma, não só condena a atitude do governo do estado, como a da própria Secretaria Municipal que coordena, pois ambos não estariam preparados para tal tarefa artística – embora a repartição municipal estivesse mais autorizada a opinar sobre o assunto por ter estudado a questão com mais tempo e dedicação.

De qualquer maneira, o importante dessa argumentação toda é que ela vai conduzir Freire a propor a contratação de um consultor especializado para elaborar um plano ou sugerir alterações sobre "os melhoramentos de São Paulo". E esse consultor sugerido será o urbanista francês Joseph-Antoine Bouvard.[28]

---

[25] Arthur Vierendeel, *apud* Vítor da Silva Freire Jr., "Melhoramentos de São Paulo", cit., p. 122.

[26] Camillo Sitte, *apud* Vítor da Silva Freire Jr., "Melhoramentos de São Paulo", cit., p. 123.

[27] Ver "Apêndice" no final do livro.

[28] Ver "Apêndice" no final do livro.

Assim, optou-se pela escolha de um profissional de reconhecimento internacional e que estivesse isento no contexto político que a questão havia assumido. Qualquer outra proposta, como consultar algum técnico brasileiro ou mesmo propor a realização de um concurso público, foi por isso descartada por Freire.

Um outro ponto condenável – pela ausência desse "sentimento artístico" – do projeto de Neves refere-se à não-consideração dos efeitos estéticos propiciados pela topografia natural do Vale do Anhangabaú. O fato de o Centro da cidade ser cortado por um vale é um recurso que deve ser explorado ao máximo.

A busca do pinturesco, tão recomendada por Sitte, já é aqui um dado natural: o vale sendo cruzado pelo belo Viaduto do Chá, tendo de um lado a esplanada do Teatro Municipal, requer com certeza um belvedere do lado oposto, ou seja, a desapropriação de todo o lado ímpar da Líbero Badaró, de maneira que ali se estabeleça um mirante-parque, em contigüidade aos jardins do Anhangabaú. Tal como definira o projeto da municipalidade. E muito diferente da proposta de Neves, na qual uma avenida corta retilineamente o fundo do vale, sendo ladeada por duas "muralhas" de edifícios, deixando de tirar partido das vantagens propiciadas pelo relevo.

A beleza dessa paisagem natural havia impressionado bastante o sanitarista francês Edmond Imbeaux (o mestre de Saturnino de Brito), que visitara São Paulo na ocasião. Imbeaux era o engenheiro-chefe da cidade de Nancy, na França, onde havia uma praça projetada que era uma das mais belas da Europa.

Freire, a esse respeito, comenta:

> Isso não o impediu de ficar extasiado ao visitar o nosso teatro, diante do espetáculo natural que tão levianamente se quer hoje destruir por completo. Raras vezes, de fato, se encontrará topografia tão favorável para mostrar a existência ou a falta de sentimento estético de uma população! Não a deixemos perder.[29]

Outros pontos relacionados a esse aspecto estético serão ainda propostos por Freire, não como censura ao projeto do governo estadual, mas como embasamento para as propostas que apresentará.

A ausência de visão sanitarista

A concepção estética do projeto de Neves, mais ao estilo haussmanniano, provocará conseqüências bastante negativas do ponto de vista sanitário, pois a construção de edificações no vale não permitirá

---

[29]   Vítor da Silva Freire Jr., "Melhoramentos de São Paulo", cit., p. 125.

Cidades	Habitantes por hectare de parques
Meriden, Connecticut	51,4
Los Angeles, Califórnia	64,8
Boston	94,7
Saint-Paul	202,7
Washington	206,4
São Francisco	214
Viena	400
Saint-Louis	575
Detroit	663,4
Filadélfia	799,7
Baltimore	872,1
Nova York	943,6
Londres	1.031,5
New Orleans	1.042,6
Chicago	1.210,3
Paris	1.354,7

Fig. 76 - Na comparação com a quantidade de habitantes por hectare de áreas verdes, São Paulo ocupava uma vergonhosa posição. Enquanto o último classificado da lista ficava com o índice de 1.354 ha, a capital paulista atingia a cifra de 14 mil ha. A discussão sobre os melhoramentos do Anhangabaú deveria considerar esse fato – sua transformação em parque impunha-se como uma necessidade de ordem não somente sanitária. O projeto de Neves desconsiderava totalmente esse fato ao permitir construções em todo o vale.

Fonte: Vítor da Silva Freire Jr., "Melhoramentos de São Paulo", cit., pp. 91-145.

que essa zona seja transformada em área verde, fazendo assim desaparecer o que poderia vir a ser "um dos reservatórios de ar indispensáveis ao desenvolvimento da cidade".[30]

Ou, em termos sittianos, o projeto de Neves daria ensejo apenas à utilização de alguma vegetação ao longo da avenida, a que esse urbanista denomina "verde decorativo", e não do "verde sanitário" que a vegetação maciça de um parque possibilita.

E esse argumento tem sua justificativa: São Paulo era, na época, uma das cidades com menor índice de área verde do mundo. Sendo assim, não se poderia perder uma oportunidade como essa, em que a transformação tanto do Anhangabaú quanto da várzea do Carmo em áreas verdes poderia fazer São Paulo se aproximar um pouco mais do índice mínimo adotado nos países mais desenvolvidos.

Freire apresenta, a título de comparação, uma tabela em que constam os "índices de habitantes por hectare de parques" em diversas cidades do mundo: as melhores situações são as existentes em Los Angeles (65) e Boston (95) e as piores em Chicago (1.210) e Paris (1.354). Buenos Aires ficaria com um índice em torno de 1.200, e São Paulo, com a vergonhosa cifra de 14 mil. Se São Paulo quisesse se aproximar dos índices mais baixos da escala, o de Paris, por exemplo, necessitaria de cerca de 400 ha a mais de parques. A várzea do Carmo poderia fornecer uns 24 ha e mais uns 5 ha a região do Anhangabaú. Vê-se por aí o tamanho de nossa carência. O pouco que essas duas áreas acrescentariam já poderia, no entanto, gerar um incentivo para a transformação futura de outras áreas em zonas verdes. Reside aí a importância da solução adotada pelo projeto da prefeitura (fig. 76).

[30] *Ibidem.*

Crítica à apropriação simplista de modelos advindos da experiência urbanística internacional

"Manter-se, pois, na ilusão de que para resolver o problema do Centro de São Paulo basta saber levantar plantas do existente, manejar o esquadro e o tira-linhas é ter uma noção de coisas fora de moda há quase meio século. A origem dessa falsa noção vem das transformações de Paris."[31]

Com esse comentário, Freire vai abordar a tendência generalizada de copiar para outros contextos as soluções adotadas por Haussmann em Paris, que eram específicas da situação por que passava essa cidade em meados do século XIX. E completa com um argumento de Sitte:

> "Seria um erro acreditar que os processos empregados em Paris por necessidade, muitas vezes, produziriam iguais resultados em outros lugares" (Sitte, 1902). [...] Foi por preocupações sobretudo de ordem política que o Segundo Império criou as famosas rotundas e ruas demasiado largas e demasiado compridas, mas mais fáceis de policiar. Reproduzindo-as, em cidades de menor importância, mais se procurou imitar uma grande capital do que satisfazer realmente as necessidades locais.[32]

É nesse mesmo modismo que o projeto de Neves se enquadra, sem estudo mais refletido nem adaptação às circunstâncias locais. Apenas com a intenção imediatista de desafogar o trânsito da área central e imprimir à cidade uma imagem de modernidade, segundo as tendências mais recentes observadas nos centros europeus, entre os quais, Paris simbolizava o modelo ideal.

As propostas de Vítor Freire para o Centro de São Paulo

Após apresentar a crítica ao projeto do governo estadual, Freire vai arrolar os principais pontos que devem nortear a elaboração de um plano urbanístico.

A adoção do ponto de vista "de conjunto"

Esse é um aspecto de grande importância na argumentação de Freire. Sua insistência é no sentido de que as análises e proposições de intervenção na cidade sejam realizadas por uma ótica mais ampla, de um ponto de vista global.

Seu objetivo é provocar uma mudança de posturas, que elas não se limitem a visões localizadas (intervenções por bairros, por exemplo) nem setoriais (como a ótica sanitarista de Saturnino de Brito), mas

---

[31] *Ibid.*, p. 113.

[32] *Ibid.*, p. 114.

que procurem considerar a maior quantidade possível de aspectos envolvidos nessa complexidade que é o urbano. Pode-se até mesmo dizer que essa visão de conjunto é o requisito básico para que o engenheiro, o arquiteto ou o administrador público da época torne-se um urbanista.

Na tentativa de dar uma definição para essa "visão de conjunto", Freire inicialmente diz que essa postura deve fazer parte da concepção de medidas preventivas a serem adotadas para controlar o crescimento desmesurado das cidades. Essas medidas precisariam conter dispositivos que permitissem não só a facilidade da circulação viária, mas, sobretudo, a perfeita distribuição de ar e luz na trama urbana.[33] Ou seja, o enfoque viário adequando-se a medidas de caráter sanitário.

Acrescenta também nessa análise o componente da estética, de tal forma que se constitua o tripé analítico que Vierendeel julgava o correto para analisar o problema do arranjo de cidades.[34]

Um plano assim concebido precisaria ainda, segundo Freire, ser organizado levando também em consideração a opinião dos vários agentes envolvidos na produção do espaço da cidade:

> Nele tem de se fazer ouvir a todos os que, como o estado, projetam levantar edifícios de certa importância. De acordo com esses edifícios, sua implantação, caráter e arquitetura, é que a solução definitiva deve ser escolhida. É igualmente essencial, em seguida, fazer dele uma obra que não possa ser alterada, a não ser de comum acordo.[35]

Por fim, essa preocupação de Freire em abordar a questão urbana de uma forma global vem contribuir para uma mudança de procedimento nas práticas adotadas pelo estado nesse tipo de intervenção.

A "visão de conjunto" vem não só possibilitar a elaboração de instrumentos de controle das áreas de expansão periférica (sobretudo a partir da Lei nº 1.847, de 1915), como também vem permitir o desenvolvimento de uma abordagem mais abstrata e conceitual da dinâmica urbana, fundamentada na obra dos primeiros tratadistas europeus.

Proposta de revisão do padrão de retilinearidade presente na concepção viária das cidades modernas

A tendência de valorização da linha reta é um fato que remonta ao período da Renascença, quando o estudo das leis da perspectiva levou os arquitetos a utilizarem a axialidade com o fim de criar uma idéia de monumentalidade, visando a uma finalidade estética "superior".

---

[33] *Ibid.*, p. 94.

[34] *Ibid.*, p. 113.

[35] *Ibid.*, p. 111.

O prefeito Haussmann retoma esses princípios e os aplica em meados do século XIX no projeto de remodelação de Paris. O alinhamento reto, regular e de grande extensão é complementado por uma padronização do gabarito das construções, e o efeito estético daí decorrente agrada enormemente às classes sociais em ascensão. O exemplo ultrapassa as fronteiras da capital francesa, passando a simbolizar os valores da modernidade e os ideais culturais da nova sociedade burguesa. O modelo começa a ser imitado em toda parte, e é aí que aparecem seus maiores equívocos.

A transposição não criteriosa do modelo parisiense foi o que marcou a tônica das intervenções nas cidades alemãs do período pós-1860, em que os princípios tecnicistas de Reinhard Baumeister[36] imperavam. Os horrores cometidos – "impecáveis, aliás, quanto ao alinhamento, como a avenida Central do Rio" –[37] fizeram com que a Liga dos Arquitetos e Engenheiros Alemães redigisse um voto de protesto em 1874, que se tornaria um marco significativo no urbanismo alemão.

Esse manifesto, apresentado por Sitte em seu livro de 1889, resume-se em três pontos:

1. O planejamento da expansão urbana consiste, em sua essência, na determinação dos principais traçados dos meios de transporte – ruas, bondes a tração, bondes a vapor, canais –, que devem ser tratados sistematicamente e, portanto, sobre uma área considerável.

2. O traçado das ruas deve priorizar as vias principais, mantendo-se a observância dos caminhos já existentes, assim como das vias laterais, que devem ser determinadas de acordo com as condições locais. A subdivisão dos terrenos deve ser feita sempre em função das necessidades do futuro imediato ou legadas ao empreendimento privado.

3. O agrupamento de diferentes partes de uma cidade deve ser efetuado por meio do estudo prévio de uma situação e outras características particulares, com exceção das medidas sanitárias aplicadas à indústria.[38]

Esses três princípios votados por essa associação não só viriam ao encontro do ponto de vista de Sitte, como também serviriam para as proposições de Freire a respeito do modo de intervenção no Centro paulistano. A defesa do traçado histórico existente na colina central e as considerações a respeito da topografia acidentada e da valorização dos efeitos panorâmicos existentes no belvedere da Líbero Badaró são aspectos da proposta de Freire que certamente foram inspirados nesses princípios da urbanística alemã.

---

[36] Ver "Apêndice" no final do livro.

[37] Vítor da Silva Freire Jr., "Melhoramentos de São Paulo", cit., p. 115.

[38] Camillo Sitte, *A construção de cidades segundo seus princípios artísticos* (*Der Städtebau nach seinen künstlerischen Grundsätzen*) (São Paulo: Ática, 1992), p. 127.

A decorrência natural dessa linha de intervenção é a solução do problema viário com o recurso do "circuito exterior" (que contorna o Centro histórico sem desfigurá-lo) e sua complementação em direção à periferia através dos traçados naturais definidos pelos meios de transporte (que, pela nossa tradição, seriam estabelecidos seguindo-se os antigos caminhos que contornavam encostas e cumeeiras, e nunca pelos fundos do vale).

Daí se origina a outra concepção adotada por Freire a respeito da estrutura urbana global, que definiria as diretrizes da expansão urbana.

> Em volta desse Centro estenderam-se, ondulantes, quais os tentáculos de um polvo, irradiando do corpo, as linhas de grande comunicação – os leitos das antigas estradas –, amoldando-se às caprichosas voltas do terreno e constituindo atualmente as artérias de acesso ao Centro. Enchendo os claros entre essas, vieram mais tarde a implantar-se algumas raras novas artérias de acesso, aproximando-se mais da linha reta e, formando a grande massa, as ruas transversais, constituindo-se por essa forma a rede de viação secundária dos bairros de moradia.[39]

Percebe-se assim que Freire propõe um esquema de estrutura urbana fundamentado não só nesses preceitos da urbanística alemã e sittiana, mas também naqueles princípios de Stübben apresentados no Congresso de Chicago de 1893.

Embora Freire não faça alusão à obra de Joseph Stübben nessa sua conferência em 1911, pode-se, no entanto, supor que já conhecesse seu trabalho, uma vez que ambos estiveram presentes no Congresso Internacional de Londres em 1910.

Apesar de recente, esse contato geraria influências em futuros trabalhos de Freire. Nos textos que redigiria em 1915 discutindo a expansão urbana da capital paulista, ele se utilizaria fartamente desse material de Stübben de 1893 (publicado em 1895), e não da obra mais conhecida e citada desse alemão, que era o manual *Der Städtebau*, de 1890. Isso se justifica, pois esse livro aportaria por aqui só em 1924, quando de sua terceira edição, ocasião em que seria largamente utilizado por Ulhoa Cintra e Prestes Maia, e não mais por Freire.[40]

Seguindo essa postura de censura aos alinhamentos viários retilíneos, Freire apresenta ainda outros casos em que tal situação foi evitada ou corrigida, pela utilização de elementos ligados ao pinturesco, de efeitos estéticos advindos da quebra dos alinhamentos, de curvaturas e concavidades ao longo do

---

[39] Vítor da Silva Freire Jr., "Melhoramentos de São Paulo", cit., p. 100.

[40] Esta constatação foi obtida a partir do exame do acervo da biblioteca da Escola Politécnica, onde esses três urbanistas lecionaram.

traçado viário, da diversidade no alinhamento das construções, etc. Enfim, soluções que foram muito bem empregadas em cidades como Nuremberg, Munique, Dessau, Londres e propostas também em Paris.

O caso mais exemplar nesse sentido parece ser o de Nuremberg, tão exaltado por Arthur Vierendeel, em seu trabalho de 1905, e aqui apresentado por Freire:

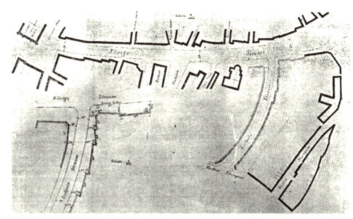

Fig. 77 - Freire utiliza-se do exemplo da cidade de Nuremberg, Alemanha, para mostrar as vantagens dos alinhamentos viários encurvados, e também quando os alinhamentos das construções são realizados de forma não perpendicular ao eixo das ruas. O desenho foi extraído de uma obra do engenheiro belga Arthur Vierendeel intitulada *Traçado de ruas e praças públicas*, de 1905.

Fonte: Vítor da Silva Freire Jr., "Melhoramentos de São Paulo", cit., pp. 91-145.

> Passear em Nuremberg é o mesmo que ver uma mágica arquitetural; a cada passo se vêem coisas novas; é a cidade do imprevisto e da variedade, variedade nos monumentos e nas habitações, das quais cada uma tem seu cunho particular, e, sobretudo, variedade no alinhamento dessas habitações. [...] Na rua principal de Nuremberg, a Königstrasse, ligando a estação à praça, rua de circulação intensa, [...] rua de belos estabelecimentos, de belos hotéis, de belos cafés e por onde passa uma dupla linha de *tramways* elétricos; as guias dos passeios são de disposição regular, mas têm estes todas as larguras, desde 3 metros até 10 e mais e, de fato, a circulação em nada é prejudicada.
>
> O mais singular, porém, dessa rua única no mundo é a implantação das casas: em sua maioria, cada uma é enviesada em relação à que lhe fica vizinha, deixando lateralmente um vão suficiente para colocar um mostruário cuja exposição, visível de muito longe, chama a atenção do cliente e permite-lhe parar, demorar-se à vontade, sem ser incomodado pelos que passam e sem de forma alguma incomodá-los.[41]

A Königstrasse é considerada então uma rua de características fortemente irregulares, no entanto, bastante prática e estética, devendo por isso ser estudada com atenção pelos urbanistas e por municipalidades de outros países. O exemplo bem-sucedido é aplicado também às novas áreas de expansão na periferia de Nuremberg, onde casos como o da Luitpoldstrasse já evidenciam que essa estética do pinturesco pode conviver em grande harmonia com as necessidades de uma moderna cidade de 300 mil habitantes (fig. 77).

---

[41] Arthur Vierendeel, *apud* Vítor da Silva Freire Jr., "Melhoramentos de São Paulo", cit., p. 116.

Fig. 78 - O princípio artístico contido no traçado de arruamentos encurvados é novamente defendido por Freire, a partir do exemplo da cidade de Munique, na Alemanha, cujo plano de extensão fora concebido por Theodor Fischer, em 1893. "Impediu porventura alguma vez a curva, habilmente manejada, a facilidade do tráfego?", indaga Freire. O exemplo só consta na primeira edição francesa do livro de Sitte, de 1902 – precisamente aquela de que Freire dispunha.

Fonte: Vítor da Silva Freire Jr., "Melhoramentos de São Paulo", cit., pp. 91-145.

Fig. 79 - Com o exemplo do plano de extensão da cidade alemã de Dessau, realizado por Karl Henrici, Vítor Freire vai expor todas as vantagens decorrentes de um projeto bem resolvido, que considere com detalhes a correta disposição dos edifícios públicos, das praças, a valorização dos efeitos da topografia e muitos outros aspectos relacionados ao traçado viário.

Fonte: Vítor da Silva Freire Jr., "Melhoramentos de São Paulo", cit., pp. 91-145.

Um outro exemplo apresentado por Freire é o caso de Munique, considerada então a "Atenas da Alemanha" e onde, nos bairros em que se adotaram de forma sistemática os grandes alinhamentos retilíneos, foi realizada uma ação corretiva por meio da colocação de monumentos decorativos ao longo desses eixos, de maneira que se rompesse o desagradável efeito estético das extensas perspectivas visuais. Refere-se também ao caso da Arnulfstrasse, onde o arquiteto Theodor Fischer projetou uma extensa avenida de 1.500 m de comprimento por 28 m de largura, impondo a seu traçado uma curvatura discreta, causando belo efeito visual e sem prejuízo à fluidez do tráfego (fig. 78).

Freire descreve também o modelo adotado em outra cidade alemã, Dessau – exemplo também extraído do livro de Sitte –, onde o arquiteto Karl Henrici projeta um bairro marcado predominantemente pelos alinhamentos interrompidos ou encurvados, de maneira que se saliente o belo efeito estético decorrente da concavidade dos alinhamentos das construções em relação ao leito viário (fig. 79).

Em Londres, o exemplo vem da Queen Victoria Street, uma das mais importantes artérias comerciais da cidade e com não mais de trinta anos de existência. Essa rua é marcada pela extrema diversidade, pois, segundo Freire,

[...] em uma extensão de 1 quilômetro apresenta todas as irregularidades possíveis e imagináveis; partes retas, curvas e quebradas, misturando-se ao acaso; lados paralelos, lados não paralelos. A largura dessa artéria varia entre 50 pés e 70 pés, e a passagem do mínimo ao máximo não é feita de modo algum de forma gradual e insensível, mas sim repentinamente, à mercê das circunstâncias. Basta dizer que as larguras mínima e máxima se encontram ambas no meio e não nas extremidades.[42]

Para o caso de Paris, a proposta de quebra de monotonia dos alinhamentos retos é extraída da obra de Eugène Hénard, que assim comenta muitas das ruas de sua cidade:

> [...] o inconveniente irremediável do alinhamento reto e contínuo é a convergência rápida de todas as linhas de perspectiva. A 200 metros, as particularidades das fachadas perdem-se e confundem-se, e nada mais se distingue a não ser os perfis dos planos de testa, isto é, corpos de chaminés, de onde emergem a torto e a direito tubos de ferro de formas variadas, devidas à imaginação inesgotável dos picheleiros (fabricantes de artefatos de folha-de-flandres). Compare-se o efeito de uma antiga rua sinuosa, irregular, ao aspecto de uma outra nova, e ver-se-á que à primeira pertence toda a superioridade do efeito.[43]

A correção a ser implantada, segundo Hénard, limitar-se-ia a provocar uma alternância no alinhamento das construções, de modo que se criem dentes facetados, cuja área retangular seria preenchida por vegetação, segundo um estilo muito próximo ao de Nuremberg (fig. 80).

Com todos esses exemplos, evidencia-se a postura de Freire contrária à monotonia viária imposta pela linha reta. A aproximação com a visão sittiana é plena nesse aspecto – o caráter pitoresco tanto defendido por Sitte é aqui resgatado por Freire com esses inúmeros casos extraídos da primeira edição francesa (1902) da obra desse urbanista austríaco.

Os esquemas geométricos não fazem parte da concepção de estrutura viária de Freire. Prefere assim, com a utilização das curvaturas e concavidades, ir contornando as encostas, os obstáculos topográficos e

Fig. 80 - Nesta seqüência de desenhos extraída da obra de Eugène Hénard, Freire vai apresentar as diferenças existentes entre distintas concepções para os espaços verdes: alinhados junto ao meio-fio, inexistente e intercalado sob a forma de pequenas praças reentrantes. A monotonia e a retilinearidade das duas primeiras são censuradas por Freire. A movimentação existente na última solução é elogiada.

Fonte: Vítor da Silva Freire Jr., "Melhoramentos de São Paulo", cit., pp. 91-145.

---

[42] *Ibid.*, p. 120.
[43] Eugène Hénard, *apud* Vítor da Silva Freire Jr., "Melhoramentos de São Paulo", cit., p. 118.

os condicionantes históricos presentes nos traçados viários tradicionais. Dentro de certos limites, é óbvio, pois, nessa sua ótica de "visão de conjunto", as restrições advindas dos sistemas de infra-estrutura (águas pluviais e esgotos, sobretudo) não podem ser esquecidas, assim como os requisitos da fluidez viária, bastante relevantes para a dinâmica das cidades modernas.

É por esse motivo que o modelo ideal de estrutura urbana de Freire é aquele formado espontaneamente, de tendência radial-concêntrica, com as avenidas radiais dirigindo-se aos arrabaldes segundo as linhas de desenvolvimento e ocupação natural dos terrenos. É com essa intenção que se utiliza, para reforçar sua argumentação, das obras de Sitte, Vierendeel, Robinson e Hénard.

O sistema viário ideal para São Paulo

A visão de Freire nesse aspecto é claramente sittiana. Respeita os traçados históricos existentes nas áreas centrais das cidades, os condicionantes impostos pela topografia, enfim, a estética do pinturesco, na qual são valorizadas as curvaturas, as ligeiras mudanças de direção, a diversidade no alinhamento das construções em relação às ruas, etc. Mas com certos limites sempre sendo observados, de forma que não se obstrua a perfeita fluidez da circulação. As intervenções devem ser realizadas sempre objetivando alargar ou corrigir os traçados, mantendo-se-lhes, no entanto, a forma primitiva.

Condena, assim, a tendência generalizada de se conceberem os novos alinhamentos na prancheta, utilizando-se somente régua e esquadro, e sem consideração com as circunstâncias naturais do local. Assim como contesta a imitação haussmanniana pura e simples, Freire também reage contra aqueles que adotam os sistemas viários rigidamente geométricos.

Com base nos argumentos do belga Charles Buls,[44] Freire discorre então sobre o que seria esse sistema ideal para São Paulo:

> Nada da grelha "retangular" de Nova York, superior ao "xadrez" de Buenos Aires, por permitir a constituição de lotes sem o fundo exagerado dos que também encontramos no nosso tabuleiro de Santa Ifigênia, mas tendo ambas as disposições do mesmo inconveniente comum – alongamento excessivo de distância desde que os pontos de partida e chegada não estão na mesma rua –, inconveniente que se procurou remediar na cidade platense com a rede triangular das avenidas diagonais. Nada do sistema "triangular" como o que ficará desafogando o centro da capital argentina e que só

---

[44] Ver "Apêndice" no final do livro.

tem sua explicação quando, como ali e na moderna Antuérpia, estendendo-se a cidade sobre uma frente de acesso onde os pontos de desembarque são numerosos, é mister estabelecer comunicação pronta com os outros centros de vida escolhidos para vértices, o mercado, a bolsa, a estação ferroviária, o correio. Nada ainda do sistema "radial" com o qual esgotamos a lista das distribuições geométricas, empregado em Nova Orleans e, na Europa, em Karlsruhe, onde o palácio ducal causa pesadelos ao forasteiro que com ele topa invariavelmente ao fundo de cada uma das varetas do leque, formado pelas ruas da cidade.[45]

Assim, o modelo adequado deveria ter uma certa organicidade, em que três elementos se destacariam: *o núcleo central, as avenidas radiais de penetração* e *as ruas transversais de conexão interbairros.*

Tal modelo, classificado por Charles Mulford Robinson de ideal, é o que deveria ser adotado para uma correta "visão de conjunto" do problema da extensão urbana.

> Esse esquema [...] representa, pode dizer-se, a planta de nossa capital. Não faltam nem se mostram ainda insuficientes as linhas de grande penetração. São em geral largas. Nem todas são rigorosamente alinhadas. Que importa? Não é precisamente a curva que melhor se presta a adaptar-se à configuração de nosso terreno acidentado, do qual suga a cidade seu elemento característico de encanto: o pitoresco?[46]

Com esse critério de intervenção, aliado à visão de conjunto, o urbanista poderia então projetar os melhoramentos viários de maneira correta, pois sua ação estaria vinculada, em um nível mais global, ao plano de extensão e de desenvolvimento futuro da cidade.

A proposta de um anel viário para a área central

As considerações acima expostas conduzem então Freire a analisar a questão do congestionamento da área central de uma maneira mais globalizante.

O problema dos melhoramentos dessa região não seria mais solucionado somente a partir das interligações recomendadas no plano elaborado dois meses antes com Eugênio Guilhem (basicamente os alargamentos da São João, Líbero Badaró e Boa Vista). Conteria também uma proposta mais abrangente: "[...] a solução mais vantajosa para aquelas [cidades] cujo núcleo, construído sem orien-

---

[45] Vítor da Silva Freire Jr., "Melhoramentos de São Paulo", cit., p. 99.

[46] *Ibid.*, p. 100.

tação geométrica, como é o de São Paulo, começa a apresentar-se congestionado é a de um circuito exterior envolvendo-o por completo".[47]

Assim, seguindo mais uma vez as diretrizes do livro de Robinson – que classifica essa solução de "ideal" – e influenciado também pela *Ring* vienense, Freire propõe um anel viário contornando o Centro Velho da cidade e expandindo as possibilidades do tradicional Triângulo formado pelas ruas de São Bento, 15 de Novembro e Direita. Correndo paralelamente a essas três vias, o "circuito exterior" seria então delimitado por um triângulo maior, situado ainda dentro da colina histórica e balizado pelas ruas Líbero Badaró, Boa Vista e Benjamin Constant.

Essa solução, além de respeitar o traçado do Centro histórico, permitia uma perfeita integração entre o novo circuito e o projeto de instalação do Centro Cívico da cidade na região da Sé, projeto esse concebido no tempo do intendente Pedro Augusto Gomes Cardim (1897), mas até então não realizado.

Dessa forma, a cidade adquiriria o aspecto de metrópole moderna, pois seria dotada de um conjunto monumental de edifícios públicos que, segundo Freire, impressionaria vivamente o estrangeiro que chegasse à cidade.

> Que impressão faria o "anel" paulistano? Suponhamos o caso de um visitante da capital. Desembarcando na Estação da Luz e entrando na cidade pelo largo de São Bento e rua Boa Vista, teria ele diante de si sucessivamente: o Parque da Várzea e o panorama da cidade industrial, o monumento da fundação e os edifícios do governo à esquerda. Continuando, veria a nova catedral de frente, contorná-la-ia por qualquer das ruas alargadas que hoje são Marechal Deodoro e Esperança, vendo sob um ângulo favorável o novo Congresso e o Paço Municipal. A essa parte da cidade, coalhada de edifícios públicos, seria imposto o caráter monumental cujo coroamento deveria pertencer ao Congresso. Em frente a este e para fazê-lo valer, deveria ser rasgada uma larga esplanada de acesso abrindo sobre o largo de São Francisco. A Academia, o Mosteiro e, em seguida, o terraço formado pela rua Líbero Badaró [...] debruçado sobre o parque do Anhangabaú e servindo de centro a um belíssimo panorama, terminaria a volta pelo regresso ao ponto de partida no largo de São Bento.[48]

Portanto, tanto a *Ring* quanto o Centro Cívico são proposições novas, não existentes no projeto de Freire e Guilhem. São acréscimos que Freire concebeu com a intenção de dar um caráter global aos melhoramentos do Centro da cidade, transformando-o num "plano de conjunto". Com certeza ele se

---

[47] *Ibid.*, p. 104.

[48] *Ibid.*, p. 105.

utilizou das informações e livros coletados em uma viagem que realizara a Londres alguns meses antes[49] e onde provavelmente assistiu às sessões da Town Planning Conference, organizada pelo Royal Institute of British Architects (Riba).

Em relação ao "circuito exterior", embora Freire só faça referências às influências de Viena e ao livro de 1901 de Robinson – intitulado *The Improvement of the Towns and Cities or The Practical Basis of Civic Aesthetics* –, pode-se supor que ele também tenha se utilizado das idéias de Eugène Hénard, sobretudo aquelas expostas em seu trabalho de 1905 – *A circulação da cidade moderna* –, que Freire cita em outras partes de sua conferência. É nessa obra que Hénard fará uma análise da estrutura viária das grandes metrópoles européias e idealizará o "perímetro de irradiação", um conceito muito próximo do de "circuito exterior" e que mais tarde será utilizado por Ulhoa Cintra e Prestes Maia na elaboração do Plano de Avenidas.

A necessidade de espaços abertos

Esse aspecto foi bastante salientado por Freire no momento em que fez sua crítica ao modelo de intervenção adotado por Samuel das Neves para o Vale do Anhangabaú. Freire apresentou uma série de dados relativos à quantidade de área verde por habitante em diversas cidades do mundo, e daí concluiu que São Paulo estava entre as piores situações observadas. Portanto, a ocasião era mais que oportuna para procurar melhorar esse quadro. Ajardinar os vales dos rios Anhangabaú e Tamanduateí, mantendo-os como espaços abertos, constituía-se num item que deveria estar presente em qualquer projeto que se pretendesse para o Centro da cidade.

Além disso, seria necessário prever outros espaços verdes distribuídos ao longo da área urbanizada, de maneira que se tivesse uma série de pequenas manchas de vegetação espalhadas ao longo da cidade (como em Londres), cujo efeito sanitário seria superior ao proporcionado por aquela situação em que apenas duas ou três grandes manchas cumpriam tal função (como em Paris). Os espaços livres seriam então constituídos não só por esses parques e jardins de uso público, mas também pelas áreas livres existentes no interior de cada lote.

---

[49] Em sua pasta de professor na Escola Politécnica consta que Freire gozou de uma licença de seis meses entre 5-1-1910 e 5-9-1910, ocasião em que esteve em Londres e quando entrou em contato com os trabalhos de Robinson, Stübben, Hénard e Unwin, presentes no evento. Segundo depoimento dado pelo engenheiro Rogério César de Andrade (em 1987), Freire teria trazido dessa viagem um exemplar do então recém-publicado livro de Unwin, *Town Planning in Practice*, que adquiriria enorme repercussão entre os engenheiros da prefeitura, tendo servido para subsidiar a elaboração da lei dos arruamentos de 1923.

> [...] ao contrário do que fazem os franceses, a utilização do terreno (nos novos bairros de Londres) não é levada ao extremo. São reservados deliberadamente vastos espaços para o ar, a luz, a verdura; está-se ali quase tanto no campo como na cidade; habita-se uma *"garden-city"*, como dizem os ingleses, e está-se, entretanto, no centro de Londres.[50]

Esse modelo de urbanismo inglês – do qual fazem parte a limitação da ocupação do lote, a obrigatoriedade da existência de áreas verdes e a implantação de um *zoning* para preservar o uso residencial – teve uma relação estreita com o urbanismo alemão nessa época. Se os ingleses foram influenciados pela legislação edilícia germânica, os alemães por sua vez souberam tirar proveito do modelo de áreas livres adotado pelos ingleses.[51]

No entanto, o conceito que melhor procurava exprimir essa necessidade de áreas livres urbanas era advindo do modelo americano, que o designava "sistema de parques" e que punha as cidades americanas em posição de destaque nessa classificação de habitantes por hectare de parque.

Freire apresenta uma série de referências extraídas da municipalidade de Boston, onde muitas glebas foram desapropriadas para que a cidade pudesse contar com novas áreas verdes – na verdade parques de recreio e lazer, fundamentais não só à higienização ambiental, mas também à "salubridade moral" da população.

Reproduz, para efeito de ilustração, o trecho de um artigo do jornal *Herald Tribune* de 1904:

> [...] os terrenos de recreio salvam as crianças das más influências e das companhias perigosas. O valor capitalizado de um moço inteligente, robusto e trabalhador, para si e para a comunidade, representa no mínimo uma média de 30 contos. Mil crianças que se salvem por essa forma representam por conseqüência 30 mil contos de capacidades produtoras. Se considerarmos agora as despesas, as perdas, a destruição correspondente a cada indivíduo educado na escola do vício e do crime, pode fazer-se idéia dos benefícios econômicos da criação dos logradouros no conjunto dos melhoramentos sociais.[52]

Igual exemplo seguiu Buenos Aires, com a aquisição de uma grande área em plena avenida Alvear, e entregando posteriormente seu projeto paisagístico a Bouvard.

---

[50] Vítor da Silva Freire Jr., "Melhoramentos de São Paulo", cit., p. 131.

[51] Atribui-se hoje em dia ao inglês Thomas Coglan Horsfall a responsabilidade por um dos fluxos desse translado, a partir de uma viagem que realizara em 1897 às cidades alemãs e que daria origem a um livro publicado em 1904, intitulado *The Improvement of the Dwellings and Surroundings of the People: The Example of Germany*. Essa obra causaria profunda influência nas idéias de Raymond Unwin.

[52] *Herald Tribune, apud* Vítor da Silva Freire Jr., "Melhoramentos de São Paulo", cit., pp. 132-133.

Define-se assim a visão de Freire nesse assunto: é defensor da progressiva incorporação de novas áreas verdes à mancha já urbanizada paulistana. Para tanto seria necessário dotar a prefeitura de instrumentos fiscais e urbanísticos a fim de conseguir realizar as aquisições necessárias.

Além do aumento desses parques públicos, a disposição de áreas livres dentro de cada lote era outra possibilidade a ser implementada na legislação paulistana. Sob esse aspecto, Freire contribui bastante, pois incorpora à lei dos perímetros de 1915 a obrigatoriedade de recuos laterais e frontais nas construções novas a serem erigidas nas zonas de expansão urbana. Além disso, tanto Freire quanto Bouvard adotarão nessa época uma postura favorável à concepção de cidade-jardim, o que contribuirá decisivamente para a instalação aqui em São Paulo da Companhia City de loteamentos, da qual esses dois urbanistas farão parte.

A importância do controle das áreas de expansão urbana

Esse tema inovador no urbanismo paulistano foi introduzido por Freire a partir das postulações em torno da "visão de conjunto".

A ótica global aplicada às análises e propostas de intervenção viria romper com as tradicionais práticas setoriais, que ora enfocavam excessivamente o aspecto sanitário, ora o viário. Embora a questão estética sempre estivesse presente, essas ações eram ainda marcadas por um viés bastante segregacionista, privilegiando somente intervenções naqueles espaços caracterizadamente elitizados da cidade – as áreas centrais. A visão do organismo social e urbano como um todo era ainda um fato inovador.

O "plano de conjunto" proposto por Freire teria assim um caráter de *previsão*, na medida em que, ao se preocupar com as áreas de expansão periférica, introduziria novas questões no âmbito do planejamento, como a aquisição de reserva de glebas destinadas aos espaços abertos, a prévia definição dos principais eixos viários de transporte, o estabelecimento de parâmetros para o retalhamento das chácaras e a ocupação de novos lotes, a destinação de bairros-jardim para a população operária, etc.

A inspiração veio dos exemplos e da prática desenvolvida nas cidades alemãs e inglesas, especialmente por intermédio das corporações municipais (como em Ulm, na Alemanha), instituições criadas com a única finalidade de desapropriar e assim prover a cidade de um estoque de terras destinado a uma utilização social futura.

Um modelo de administração municipal

Freire buscará, no estudo da experiência internacional de gestão municipal, as boas práticas que as cidades da Europa e dos Estados Unidos acumularam no período de grande crescimento demográfico registrado em fins do século XIX. As soluções que adotaram podem servir de referência para o caso brasileiro, desde que se considerem as especificidades de nosso contexto. Assim, são abordadas diferentes situações das cidades da Escócia, da Inglaterra, da França, da Alemanha e dos Estados Unidos.[53] Na América do Sul, os exemplos mais significativos advêm das experiências realizadas em Buenos Aires e em Valparaíso, no Chile.[54]

O item mais salientado nesse aspecto é o relativo à *organização municipal* desses países, fator que contribui decisivamente para a perenidade ou não das políticas públicas e dos instrumentos de controle urbano estabelecidos.

Assim, igualmente em Paris e nas cidades americanas, observa-se o exemplo negativo desse tipo de organização, pois aí predominam, tanto nas câmaras municipais como nas comissões técnicas, indivíduos despreparados ou com o único objetivo de fazer carreira política.

Já na Inglaterra e Alemanha a situação é bem diferente.

> Acha-se a gestão dos municípios na Grã-Bretanha entregue aos cuidados de homens de negócio: são os vereadores recrutados quase exclusivamente entre os comerciantes, industriais e gerentes de empresas ou companhias. A escolha de alguém para tomar assento em um *"town-council"* é considerada uma verdadeira distinção, conferida pelas classes que representam a capacidade da respectiva aglomeração nas forças econômicas da nação. Essa escolha é tradicionalmente separada de toda e qualquer diferença de credo político.[55]

Além disso, para se chegar à presidência de comissões ou ao cargo de "alderman", são necessários muitos anos de prática na administração pública, o que garante maior probidade nas ações desenvolvidas por esses representantes, não tendo nenhum deles a atitude venal de procurar, por exemplo, "dar água em seis dias" aos seus municípios.[56]

---

[53] Vítor da Silva Freire Jr., "Melhoramentos de São Paulo", cit., p. 93.

[54] *Ibid.*, p. 124.

[55] *Ibid.*, p. 95.

[56] *Ibid.*, p. 96.

O caso alemão, bastante semelhante ao inglês, apresenta a vantagem de oferecer remuneração à parte executiva do conselho, podendo sua escolha, por via eleitoral, recair sobre indivíduos que tenham nascido e vivido em outras cidades. Além de mostrar competência comprovada nos diversos setores da administração, esses representantes são em muitos casos eminentes professores de universidades. Assim, "em cada parte está o homem que lhe convém. As polêmicas sobre as questões de serviço são raras; quem está no governo é quem melhor entende".[57]

Esse modelo de administração deu excelentes resultados. O consultor em urbanismo Joseph Stübben nasceu desse contexto, realizando planos para mais de quarenta cidades e fazendo a experiência germânica ultrapassar as fronteiras de seu país, ganhando notoriedade, sobretudo entre os ingleses.

Ilustrando esse fato, Freire sugere que lancemos mão da mesma estratégia utilizada pelos ingleses no aprendizado das experiências bem-sucedidas em urbanismo:

> Será vergonha irmos aprender com os que melhor conhecem o terreno? Foi coisa que não sentiram os ingleses quando, em 1909, o National Housing and Town Planning Council organizou duas excursões para instrução especial de seus membros. Veja-se o itinerário. Primeira excursão: Colônia, Düsseldorf, Wiesbaden, Frankfurt, Würzburg, Rothemburg, Nuremberg. Segunda, em setembro: Reims, Nancy, Stuttgart, Ulm, Munique e Viena. Bem sabem os ingleses quanta razão assistia a Franklin ao dizer que "a experiência é a mais cara das escolas". E preferiram estudar o bom *made in Germany* a inventar o duvidoso.[58]

Em defesa da contribuição de melhoria

Freire é defensor do instrumento da "desapropriação por interesse público", sobretudo se esta estiver conjugada a taxações do tipo *contribuição de melhoria*. Só assim, as municipalidades teriam o poder de intervenção, os recursos efetivos e conseqüentemente a autonomia necessária para realizar os grandes projetos de renovação urbana de suas áreas centrais.

A desapropriação era um instrumento que no Brasil vinha sendo utilizado de forma bastante desvirtuada. Visando sempre ao "interesse público", a desapropriação deveria ressarcir o proprietário com uma indenização justa, que considerasse já embutida em seu cálculo a valorização que o imóvel iria adquirir com a realização da benfeitoria pública. Mas não era bem assim que as coisas se passavam. Na

---

[57] *Ibidem.*

[58] *Ibid.*, p. 125.

verdade, o proprietário acabava sendo duplamente beneficiado, pois, além da indenização, acabava recebendo também todo o lucro decorrente de tal valorização.

Por exemplo, no caso da desapropriação para o alargamento de uma rua, Freire relata o seguinte caso ocorrido em São Paulo:

> Um proprietário, numa de nossas ruas centrais, de prédio que lhe rendia 12 contos de réis anuais, foi obrigado a recuar, para alargamento dessa artéria de comunicação. Recebeu de indenização, segundo as normas do critério geralmente adotado, 92 contos de réis. Com 35 contos fez na parte sobrante uma nova edificação. E, como o alargamento da rua valorizou consideravelmente sua propriedade, passou ele a receber de renda, em vez de 12 contos, 21 contos e 600 mil-réis!... Quer dizer, pagou-lhe a comunidade 57 contos para que esse proprietário consentisse em valorizar a sua propriedade – à razão de 8% – em cerca de 80 contos, não entrando em linha de conta a diferença de solidez e duração das duas construções, a moderna e a antiga.[59]

Se tal fato tivesse ocorrido na França do tempo de Haussmann, em vez desses 92 contos (ou 92 milhões de réis), o proprietário parisiense teria recebido apenas 600 réis, pois teria sido deduzido o ganho especulativo de sua indenização. Uma imensa diferença monetária, que certamente explica por que nesses países as municipalidades podem realizar obras tão grandiosas sem precisar recorrer a empréstimos externos.

Mas no Brasil a defesa ao interesse privado é muito forte. A consciência em relação ao bem público, ao uso público ou ao interesse público é algo quase inexistente em nossa cultura. As poucas tentativas que foram feitas procurando alterar a forma de calcular as indenizações acabaram por não se efetivar na prática. Cite-se o exemplo do Decreto federal de 9-9-1903, definindo que o valor da indenização deveria ser proporcional ao valor da locação do imóvel. "O que ali se fez foi dispor uma armadilha aos que fraudavam o Fisco, declarando valores locativos inferiores à realidade. Pelo decreto, passou o Fisco de cúmplice até então a caçador. E os proprietários caíram na ratoeira. Daí, a celeuma."[60]

Com essas constatações, Freire passará então a examinar a situação em outros contextos, como aqueles recentes dispositivos criados pelo Town Planning & Housing Act inglês, de 1909, a legislação concernente ao *contributto* italiano, ou ao *local assessment* americano, todos eles contendo variantes em torno da taxa de melhoria.

---

[59] *Ibid.*, p. 137.

[60] *Ibid.*, p. 138.

No instrumento italiano e no americano, pode-se taxar o proprietário diretamente beneficiado pelas obras públicas na proporção da valorização por elas produzida. No caso inglês, um país onde o respeito à propriedade privada faz parte da tradição, a lei manda eqüitativamente dividir ao meio a valorização resultante das obras feitas pelo poder público.

Freire ainda elogia a alternativa de "desapropriação por zona", visando ao interesse público, como no caso portenho, quando se decidiu construir a praça do Congresso. Ou mesmo iniciativas seguindo os moldes daquela então recente petição que um grupo de capitalistas paulistanos dirigiu ao Congresso Estadual solicitando direitos para a abertura de três grandes avenidas na área central da cidade, petição esta que ficou conhecida como "Projeto de Grandes Avenidas", da autoria dos engenheiros Alexandre Albuquerque e Francisco de Paula Ramos de Azevedo.

Esses argumentos levam Freire a concluir que toda e qualquer possibilidade de realização efetiva dos melhoramentos de São Paulo deverá depender essencialmente da instituição de tais instrumentos e taxas. Só assim o município agirá com autonomia plena, evitando as constantes invasões de atribuição que o governo estadual realiza toda vez que concede um empréstimo. Se essa situação já vigorasse, nenhum desses impasses em torno dos "melhoramentos da capital" estaria acontecendo.

O convite a Bouvard

Concluindo a conferência, Freire sugere que seja examinada com atenção a experiência do país nosso vizinho, a Argentina, que pouco tempo antes, em 1907, havia passado pela fase de renovação de sua capital.

Os pontos negativos e positivos do que lá se passou podem servir de alerta, orientando a reflexão sobre o assunto aqui. Como aspecto negativo, salienta o estado de penúria a que ficaram reduzidas as finanças públicas dos portenhos, em conseqüência da inexistência de uma política de indenização socialmente justa para as desapropriações. O lado positivo da questão, o exemplo a ser seguido, mostrou-se quando eles, de posse do projeto de renovação de sua cidade e com os recursos necessários já obtidos, decidiram, antes de iniciar as obras, ouvir o parecer de um especialista. Esse especialista foi o arquiteto francês Joseph-Antoine Bouvard, que acabou por imprimir ao projeto "o cunho artístico indispensável aos povos civilizados",[61] executando aí toda a remodelação das imediações do Palácio do Congresso e do Passeio da Recoleta.

---

[61] *Ibid.*, p. 140.

Essa é a sugestão que Freire deixa ao final de sua exposição, procurando resolver a questão do impasse criado entre o projeto apresentado pela prefeitura e o do governo estadual.

A alusão à positiva experiência dos argentinos vai concluir a conferência e servir de alerta para as autoridades envolvidas com a questão aqui.

> Prefiro fazer aqui ponto a estabelecer paralelos que nos desmoralizariam. Acentuarei apenas, pela última vez, que, se se permanecer no errado caminho pelo qual enveredou a fase atual dos melhoramentos de São Paulo, não tardará que se reconheça se tenho ou não razão. Ter-se-á gasto em uma obra defeituosa muito mais do que custaria uma solução apresentável. E a responsabilidade será de todos, "todos", sem exceção. Não se fez até agora ouvir, que saibamos, um único protesto. Silêncio na imprensa; silêncio, ainda mais profundo, fora dela.[62]

Com esse alerta e a partir de todas as considerações apresentadas, a Câmara Municipal em poucos dias iria se mobilizar. Na sessão plenária do dia 17 de março seguinte, essa casa registraria o encaminhamento de um projeto de lei do vereador Alcântara Machado sugerindo a contratação de Bouvard para arbitrar o assunto. Esse projeto é imediatamente aprovado pelos outros parlamentares, de tal forma que, alguns dias depois, Bouvard já está aqui na capital realizando seus estudos.

Em maio de 1911, esse francês apresentaria um novo projeto de renovação para o Centro da cidade, em que endossaria grande parte das idéias de Freire e descartaria quase todo o projeto de Samuel das Neves, incorporando daí só a polêmica questão do aproveitamento das propriedades do conde de Prates.

Um novo Anhangabaú seria então produzido entre os anos de 1911 e 1917, contribuindo decisivamente para consolidar a imagem europeizada da "metrópole do café", que perduraria na paisagem paulistana até quase o fim dos anos 1930.

A referência bibliográfica de Vítor Freire

Vítor Freire, na transferência do ideário urbanístico internacional que apresenta nesse texto, fundamenta-se em inúmeros teóricos, arquitetos, urbanistas e técnicos das administrações municipais de cidades da Europa (sobretudo da experiência anglo-saxônica) e também um pouco dos Estados Unidos.

---

[62] *Ibid.*, p. 145.

Entre os inúmeros nomes consagrados que ele cita nesse trabalho, podem-se relacionar como principais:

- Pierre Charles L'Enfant – arquiteto francês e autor do plano da cidade de Washington em fins do século XVIII.

- Fustel de Coulanges – autor de uma das primeiras obras da historiografia do urbanismo, intitulada *La cité antique*.

- Charles Buls – o famoso burgomestre da cidade de Bruxelas que em fins do século XIX redigiu o livro *Esthétique des villes* e organizou os primeiros congressos internacionais de urbanismo.

- Eugène Hénard – urbanista francês que teve sua atuação marcada nos congressos internacionais durante a primeira década do século XX, sobretudo no de Londres. Publicou o ensaio intitulado *Études sur les transformations de Paris*.

- Theodor Fischer – professor da Politécnica de Stuttgart, na Alemanha, e autor do plano de extensão da cidade de Munique, em 1893.

- Camillo Sitte – o arquiteto ítalo-austríaco é a referência básica nesse texto de Freire, que para tanto se utiliza da primeira edição francesa do livro *Der Städtebau...* (La Construction des Villes), redigido originalmente em alemão no ano de 1889.

- Karl Henrici – professor da Politécnica de Aachen, na Alemanha, e autor do plano de extensão de Dessau, em 1890.

- Charles Mulford Robinson – urbanista americano que participou do congresso de Londres em 1910, ocasião em que provavelmente Freire o conheceu. Já em 1901 publicava *The Improvement of Towns and Cities or The Practical Basics of Civic Aesthetics* e, em 1903, o *Modern Civic Art or The Width and Arrangement of Streets*.

- Arthur Vierendeel – engenheiro belga que se notabilizou pelos trabalhos publicados sobre arquitetura de ferro. Em 1905, escreveu um importante trabalho intitulado *Traçado de ruas e praças públicas*.

- Georges-Eugène Haussmann – o prefeito de Paris que realizou as famosas intervenções viárias de caráter monumental, em meados do século XIX.

- Reinhard Baumeister – engenheiro alemão, autor do primeiro tratado urbanístico de caráter científico, em 1876, intitulado *A expansão das cidades e sua relação com os aspectos técnicos, edilícios e econômicos*.

- Joseph-Antoine Bouvard – urbanista francês que participou da Exposição Universal de 1900 e, em 1907, realizou um plano de melhoramentos para Buenos Aires. É o nome indicado por Freire para resolver a "questão" dos melhoramentos de São Paulo.

- Friedrich Puetzer – arquiteto, professor da Politécnica de Darmstadt, na Alemanha, e autor de um plano para um bairro na periferia dessa cidade, na década de 1890.

A alusão a esse elenco de urbanistas permite assim analisar o itinerário bibliográfico que Freire percorreu para fundamentar o plano "Melhoramentos de São Paulo". Basicamente foram cinco obras:

1. Em primeiro lugar, aparece o livro de Sitte, o mais utilizado. Freire estudou-o detidamente e tirou daí os principais conceitos que passou a defender em relação ao sistema viário, às áreas verdes, ao Paço Municipal, etc. É dessa obra que ele extraiu os comentários a respeito dos trabalhos e planos elaborados por Baumeister, por Puetzer, por Henrici e por Theodor Fischer. As ilustrações referentes à obra desses urbanistas alemães não constam, no entanto, da edição austríaca de 1889, nem da famosa tradução francesa de Camille Martin, de 1918. Aparece somente na primeira edição francesa de 1902, que foi a que Freire então utilizou para o anexo das gravuras ao final do seu trabalho.

2. Em segundo lugar, o texto de Arthur Vierendeel de 1905, que apresenta a concepção do tripé viário/sanitário/estético para conceituar o "ponto de vista de conjunto" na análise do urbano.

3. Em terceiro lugar, a obra de Eugène Hénard sobre as transformações de Paris, que este francês publicou entre os anos de 1903 e 1907. Pelas idéias que aí apresenta, Freire deve ter se utilizado mais dos fascículos 2 e 3 dos *Études*, ambos de 1903 e intitulados respectivamente "Les alignements brisés" e "Les grands espaces libres".

4. Em quarto lugar, alguma parte da obra de Charles Buls, publicada anteriormente em 1911. Como Freire não faz referência a nenhum título em especial, pode-se supor que ele utilizou o livro mais famoso de Buls, editado em 1894, o *Esthétique des villes*, ou o *paper* que ele apresentou no Congresso de Londres de 1906, intitulado *De la disposition et du développement des rues et des espaces libres dans les villes*.

5. Por último, a obra do americano Charles Mulford Robinson cuja primeira edição de 1901, como o próprio Freire atesta à página 121, permite concluir que se trata do livro *The Improvement of Towns and Cities or The Practical Basis of Civic Aesthetics*.

Além desses cinco livros, Freire também utilizou as plantas e o memorial que Bouvard elaborou para a intervenção na cidade de Buenos Aires em 1907.

É possível ainda concluir que Freire teve acesso a essa bibliografia nos encontros internacionais de urbanismo, dos quais ele começou a participar por volta de 1908.

No Congresso de Londres, em 1910, ele teria tido contato com a obra de Robinson, de Hénard e também com a de outros urbanistas que ele utilizaria posteriormente, como Stübben, Unwin, Geddes, Augustin Rey e Howard.

A ligação com a experiência argentina e com o trabalho de Bouvard foi um fato decorrente de sua participação no grupo portenho intitulado Museo Social.

Em relação às obras de Sitte e Vierendeel, pode-se supor que Freire já as conhecesse quando participou do Congresso de Londres, em 1910. Provavelmente já tinha travado contato com esses trabalhos aqui em São Paulo, uma vez que há um exemplar da edição de 1902 do livro de Sitte na biblioteca da Escola Politécnica (edição francesa). Pode-se fazer a mesma inferência em relação ao trabalho de Vierendeel, que, embora não localizado, devia fazer parte de um artigo publicado num dos inúmeros periódicos europeus que essa mesma biblioteca assinava na época.

O plano Bouvard

A conferência de Freire, proferida em 15 de fevereiro de 1911, vai causar repercussões tanto no meio acadêmico da Escola Politécnica quanto nos fóruns públicos de discussão sobre a cidade, sobretudo após sua divulgação na edição de março da *Revista Politécnica*.

O vereador Alcântara Machado, influenciado diretamente pelas idéias de Freire, apresenta na Câmara Municipal, poucos dias depois, uma indicação, com o fim de estabelecer uma solução conciliatória sobre a questão dos melhoramentos do Centro da cidade. Nesse documento, argumenta em favor de um arbitramento a ser realizado por um profissional de notória qualificação e alheio às contingências políticas que estavam obstruindo o processo:

> O que nós precisamos é delinear um programa completo e sistemático de todos os melhoramentos do Centro, dos arrabaldes e dos subúrbios, de acordo com os elementos que nos fornece a sua topografia [...] o que nós precisamos é um plano, o mais completo possível, que nos sirva de orientação para o futuro [...] Se há um modelo a seguir, vamos buscá-lo em Buenos Aires [...] os poderes municipais da capital platina resolveram rasgar novas artérias, abrir novos espaços livres, remodelar a cidade, aumentar as suas condições de beleza, de arejamento e de conforto.

Que fizeram então os argentinos? Invocaram o concurso de uma notabilidade mundial, o senhor Bouvard. Entregaram-lhe a confecção do plano de transformação da capital portenha e o encarregaram de superintender, tanto quanto possível, a execução das obras.

Olhemos para a Argentina. O senhor Bouvard, nos primeiros dias de abril, deve passar pelo Rio de Janeiro, azando o ensejo para que lhe aproveitemos os ensinamentos.

Convidemo-lo a visitar a nossa capital; confiemos no seu exame e à sua crítica os projetos existentes; ouçamos a sua opinião, que não será um improviso, mas a lição meditada de um mestre; e, se o permitirem as circunstâncias, contratemos com ele a elaboração de um plano geral dos melhoramentos da cidade.[63]

Após a leitura dessa exposição de motivos, que acompanhava o Projeto nº 20, de 17 de março, o vereador Alcântara Machado vê sua moção ser aprovada unanimemente pelos colegas parlamentares.

Assim, poucos dias depois, Vítor Freire parte para o Rio de Janeiro para levar o convite a Bouvard. Logo depois, esse francês já está em São Paulo para uma permanência de quarenta dias, quando então realiza inúmeras observações sobre a circulação viária, o movimento comercial e as características históricas do crescimento dessa cidade.

Em 15 de maio, esse urbanista entrega ao prefeito Raimundo Duprat um memorial acompanhado por seis plantas explicando as intervenções que sugere para a capital paulista.

A postura que adota é permanecer bem próximo dos argumentos apresentados pelo projeto da prefeitura, até mesmo porque durante sua estada sua sala de trabalho era visitada freqüentemente por parlamentares e políticos do poder público municipal.[64]

Logo no início desse relatório (que dirige ao prefeito), diz: "O diretor de obras da prefeitura, sr. V. da Silva Freire, tem, aliás, toda a competência desejável para levar a efeito a importante obra que V. Exa. teve a feliz idéia de empreender".[65] O conhecimento teórico que Freire tinha sobre o assunto contribuiu decisivamente para esse voto de confiança. O partido de intervenção defendido por ambos era idêntico, mas, como Bouvard estava sendo contratado pela Câmara e os membros dessa Casa defendiam uma postura de intervenção diferente da de Freire no relativo às desapropriações da rua Líbero Badaró, Bouvard é então levado a apresentar duas variantes sobre as intervenções no Vale do Anhangabaú:

---

[63] *Anais da Câmara Municipal de São Paulo*, cit., 1911, p. 116.

[64] Joseph-Antoine Bouvard, *Relatório apresentado ao prefeito municipal, senhor Raimundo Duprat, 1911* (Processo nº 26.221/11), p. 1.

[65] *Ibid.*, p. 2.

uma propondo o seu ajardinamento total e a outra permitindo a construção de dois grandes corpos de edificação na orla do parque. No final é a segunda variante que será realizada.

Bouvard, apesar de sua nacionalidade, não era defensor das intervenções ao estilo haussmanniano, que preconizavam o arrasamento de quarteirões nas áreas históricas e a abertura de avenidas de traçado retilíneo. Afinal, ele era um arquiteto de visão mais organicista do que racionalista. Por muitos anos, ocupara-se de projetos de arquitetura, de obras em edifícios públicos e da manutenção dos parques e jardins da capital francesa.

Por esse motivo, num outro trecho desse documento diz: "É preciso, para esse fim, abandonar o sistema arcaico do xadrez absoluto, o princípio por demais uniforme da linha reta, vias secundárias que nascem sempre perpendicularmente da artéria principal. É necessário, numa palavra e no estado atual das coisas, enveredar pelas linhas convergentes, radiantes ou envolventes, conforme os casos".[66]

Argumento esse idêntico ao de Freire, quando este defendia a idéia de que o sistema viário paulistano deveria ter uma estrutura radial, com avenidas que partissem do Centro e fossem se dirigindo à periferia seguindo os contornos do relevo, tais quais os tentáculos de um polvo.[67]

Bouvard procurava apresentar soluções para a melhoria do trânsito em áreas centrais sem recorrer à descaracterização desses locais e reduzindo ao mínimo o alto custo de eventuais desapropriações nessas áreas. Cria assim circuitos externos que receberiam e distribuiriam essas correntes de tráfego.

> Temos, por conseqüência: para o Centro, para o Triangulo, para a "urbs", respeito ao passado, inutilidade de rasgos e de alargamentos exagerados – inutilidade de fazer trabalhar, sem conta nem peso, o alvião, com o único resultado de fazer desaparecer o caráter histórico, arqueológico, interessante. Considero efetivamente possível descongestionar o Centro comercial, de lhe melhorar certos aspectos, dali regularizar o movimento e a circulação por meio de algumas poucas medidas parciais e por meio de processos de derivação das correntes para as vias envolventes de fácil comunicação.[68]

Um argumento bem sittiano e quase coincidente com a idéia do "circuito exterior" defendida por Freire para contornar o Centro da cidade, noção esta advinda do pensamento do urbanista Mulford Robinson, conforme já exposto.

---

[66] *Ibid.*, p. 3.

[67] Vítor da Silva Freire Jr., "Melhoramentos de São Paulo", cit., p. 100.

[68] Joseph-Antoine Bouvard, *Relatório apresentado ao prefeito municipal, senhor Raimundo Duprat*, cit., p. 4.

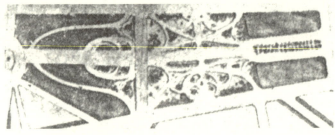

Fig. 81 - No plano global de Bouvard, o Vale do Anhangabaú ainda está pouco detalhado, contendo somente uma série de passeios e jardins concentrados em frente à esplanada do teatro. Depois, o vale receberia um projeto específico em que seria considerada parte dos interesses do conde de Prates.

Fonte: Prefeitura Municipal de São Paulo, *Relatório de 1911...*

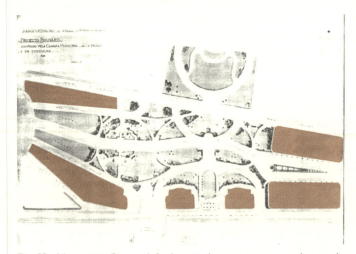

Fig. 82 - No projeto Bouvard, finalmente é proposta uma rua de traçado artístico para o fundo do vale. Além dos dois palacetes pertencentes ao conde de Prates, o projeto previa a construção de alguns blocos nas laterais do parque (hachurado).

Fonte: Prefeitura Municipal de São Paulo, *Relatório de 1911...*

Assim, os desenhos que Bouvard apresentará serão marcados pelo traçado orgânico dos arruamentos, de forma que preenchessem os "claros" deixados pela ocupação natural dos terrenos – ou seja, os vales.

Nas plantas sobre a ocupação do Vale do Anhangabaú, apresentadas em duas versões, somente a segunda variante é mais detalhada, apresentada numa escala que permite sua leitura e compreensão imediata. É justamente essa versão, dita "conciliadora", que torna possível a implantação de dois grandes corpos de edificações no lado ímpar da Líbero Badaró – palacetes estes que posteriormente seriam apelidados de "sentinelas do Anhangabaú". Além do mais, resolve a polêmica questão do alinhamento do prédio dos irmãos Weisflog (Companhia Melhoramentos de Papel), permitindo que ele permaneça no local onde já se encontra.

Essa versão, porém, exagerava nas concessões de direitos aos proprietários de terrenos, pois permitia que ao longo da rua Formosa fossem erigidos um outro teatro e um grande bloco particular, o mesmo acontecendo no lado voltado para a parte inferior da rua Doutor Falcão. Ao final, a versão definitiva do projeto não deixará que se dê a ocupação desses espaços (figs. 81 e 82).

O projeto de Bouvard completa-se com um plano global de arruamentos para as áreas de expansão do Centro, onde "se adota a circulação por meio de novas distribuições em anfiteatro, apropriadas à disposição pitoresca dos lugares"[69] e por um projeto

[69] *Ibidem*.

de transformação da várzea do Tamanduateí em um grande parque, em que seriam construídos o novo edifício do Mercado Municipal e um pavilhão para as exposições agrícolas e industriais (o futuro Palácio das Indústrias) (figs. 83 e 84).

Um ponto inovador e de grande importância introduzido por Bouvard nesse plano é a proposta da construção de um Centro Cívico. Em 1911, a antiga Igreja da Sé tinha acabado de ser demolida e pretendia-se fazer uma grande remodelação e ampliação na praça da Sé. Ao mesmo tempo, decidia-se pela construção de novos edifícios públicos.

Sua recomendação a respeito da construção, no coração da cidade, desse espaço de grande significado político é incisiva. A ponto de considerá-la obra prioritária em seu plano:

> Está decidida a construção da Catedral, do Congresso, do Palácio do Governo, do Paço Municipal, do Palácio da Justiça. Serão porventura distribuídos ao acaso? Evidentemente não: é de necessidade absoluta colocá-los metodicamente, de forma que concorram para um conjunto que pode ser do maior efeito. É mister que a despesa que vão ocasionar não fique estéril. Há nisso ensejo para uma obra notável, que marcará época na história de São Paulo e será a glória dos poderes públicos que lhe tiverem preparado a realização e que não me cansarei de recomendar. Há sacrifícios, há despesas necessárias: as relativas ao Centro Cívico que proponho estão em primeiro lugar, porque darão lugar, no Centro da capital paulista, a um todo estético tão grandioso quanto imponente[70] (fig. 85).

O plano de Bouvard foi então aprovado e adaptado pela Diretoria de Obras Municipais. A opção pela "variante" foi a adotada para o Anhangabaú, pois conciliava os interesses existentes, em conflito.

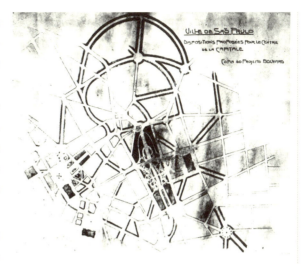

Fig. 83 - O plano global de Bouvard previa uma série de novas ruas na área central e em direção à Bela Vista e às estações. A Sé sediaria o Centro Cívico da cidade, e a várzea do Tamanduateí seria transformada em um imenso parque.

Fonte: Prefeitura Municipal de São Paulo, *Relatório de 1911...*, cit.

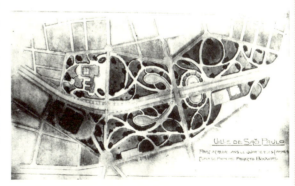

Fig. 84 - O projeto de Bouvard para a várzea do Tamanduateí previa a construção de um grande parque, no interior do qual estariam o Mercado Municipal e o Palácio das Indústrias. O projeto foi executado parcialmente nos anos 1920.

Fonte: Prefeitura Municipal de São Paulo, *Relatório de 1911...*, cit.

---

[70] *Ibid.*, p. 5.

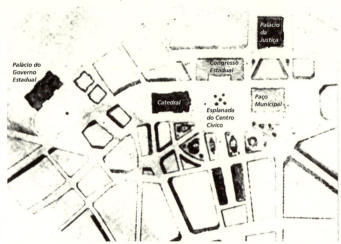

Fig. 85 - Na praça da Sé, Bouvard propõe a construção de um Centro Cívico que deveria abrigar a Catedral, o Paço, o Congresso, o Palácio da Justiça e a sede do governo estadual.

Fonte: Prefeitura Municipal de São Paulo, *Relatório de 1911...*, cit.

O plano original continha quatro linhas de ação:

1. Parque Anhangabaú;

2. várzea do Carmo;

3. Centro Cívico;

4. avenidas de comunicação do Centro com os bairros.

Dessas quatro linhas, a prefeitura privilegiou as obras nas imediações do Anhangabaú, que eram as mais urgentes. Elas foram iniciadas nesse mesmo ano de 1911 pela administração do prefeito Raimundo Duprat. Algumas conexões viárias mais relevantes, como a ligação do Centro com as estações (rua Conceição), foram realizadas nessa mesma gestão.

O Parque do Carmo somente teria iniciada a parte relativa ao aterramento. O restante ficaria adiado para os anos seguintes, e o plano só seria complementado pelas administrações de Washington Luís Pereira de Sousa (1914-1919), Álvaro da Rocha Azevedo (1919-1920) e Firmiano de Morais Pinto (1920-1926).

Dessa forma, já em 1911, são aprovadas três seções relativas ao plano Bouvard:

1. A primeira, pela Lei nº 1.457, de 9 de setembro, referente aos melhoramentos das ruas Líbero Badaró e Formosa e da parte do vale compreendida entre a rua de São João e o largo do Riachuelo.

2. A segunda, pela Lei nº 1.473, de 10 de dezembro, relativa à formação de uma praça na entrada do Viaduto do Chá (praça do Patriarca), obra essa cuja execução coube ao governo do estado e que acabou sendo adiada para o início dos anos 1920.

3. A terceira, pela Lei nº 1.484, de 24 de dezembro, relativa ao alargamento da rua Conceição e ao prolongamento da rua Dom José de Barros.

Como será mostrado no capítulo seguinte, a gestão de Raimundo Duprat priorizará a primeira seção, e mesmo assim não conseguirá concluí-la. O alargamento da Líbero Badaró será quase finalizado, e, em relação à remodelação do Vale do Anhangabaú, pouco será realizado.

Fig. 86 - Nesta vista aérea do Anhangabaú, realizada em meados dos anos 1920, o parque projetado por Bouvard já está concluído. A inversão da polaridade da colina central está consolidada. O próximo passo na marcha da expansão do Centro será dado com a travessia do Viaduto do Chá e a instalação na região da Barão de Itapetininga. Estaria assim criado o "Centro Novo".

Fonte: Benedito Lima de Toledo, *Anhangabaú* (São Paulo: Fiesp, 1989).

Os recursos para a continuidade das obras do vale só serão obtidos na gestão seguinte, por meio da Lei nº 1.811, de 12 de outubro de 1914. O então prefeito Washington Luís conseguirá assim concluir as obras do Anhangabaú em 1917, mas com algumas ressalvas, como ele mesmo salientou em fins desse ano:

> A não ser a finalização das pequenas obras em andamento, prestes a acabar [...] pode-se considerar pronto o Parque do Anhangabaú, que, dentro de poucos dias, será entregue ao gozo público. [...] As obras de arte, as grandes exedras nas extremidades, os grandes terraços, as fontes luminosas, os jogos d'água, a mudança do viaduto, as grandes construções, as obras propriamente de embelezamento podem esperar melhores tempos[71] (fig. 86).

---

[71] Prefeitura Municipal de São Paulo, *Relatório de 1918 apresentado à Câmara Municipal de São Paulo pelo prefeito Washington Luís Pereira de Sousa* (São Paulo: Vanorden, 1919), p. 89.

A realização dos melhoramentos na região do Anhangabaú

A consolidação de uma nova polaridade na área central, condicionante para sua expansão rumo a oeste

Este capítulo apresenta uma série de imagens relativas à consolidação da polaridade na região central do Anhangabaú. Essa consolidação, conforme já foi exposto no capítulo anterior, aconteceu durante os anos 1910, com a execução do plano Bouvard e de outros projetos de melhoramentos empreendidos pela Diretoria de Obras Municipais.

Com a intenção de precisar melhor essa polarização, a análise será focada nas transformações processadas em três logradouros: dois situados nas imediações do Vale do Anhangabaú (ruas Líbero Badaró e de São João) e um mais próximo da vertente oposta, a praça da Sé.

Esses três logradouros são significativos para essa análise porque eles eram considerados pontos estratégicos para a intervenção dos planos de ambas as origens, Bouvard e a Diretoria de Obras.

A Sé, porque abrigaria o Centro Cívico e a nova Catedral. A Líbero Badaró, porque seria peça de fundamental importância para a composição do futuro Parque Anhangabaú. E a São João, porque consistiria numa moderna avenida de interligação entre a área central e a região oeste, dando acesso às estações.

O ritmo de execução das obras em cada um desses logradouros será elemento comprovador da concentração dos investimentos nos espaços voltados para oeste.

Enquanto o Parque Anhangabaú e as suas imediações (Líbero Badaró e São João) seriam concluídos ainda nos anos 1910, durante as gestões de Raimundo Duprat e Washington Luís, a praça da Sé teria sua remodelação iniciada só nos anos 1920, e nunca se completaria. A Catedral seria finalizada somente nos anos 1950 (por ocasião das comemorações do IV Centenário de fundação da cidade), e o Centro Cívico jamais seria realizado.

Um outro espaço voltado para esse lado leste, o Parque Dom Pedro II (cuja remodelação fazia parte do plano Bouvard), foi concluído somente nos anos 1920, tendo em vista as comemorações do Centenário da Independência. Mas, apesar de sua beleza, registrada em fotos dessa época, o projeto nunca foi inteiramente concluído.

Rua Líbero Badaró

A idéia de alargar e remodelar a rua Líbero Badaró surgiu em 1906, de uma proposta do vereador Augusto Carlos da Silva Teles, e só foi consolidada em 1911, com a aprovação da 1ª seção do plano Bouvard (Lei nº 1.457, de 9 de setembro). Dessa forma, a rua passaria de seus tradicionais 7 m para a largura de 18 m, obtidos com o recuo dos imóveis situados do lado do vale.

O aspecto da rua Líbero Badaró até 1910 era de uma viela sombria, que de um lado recebia os fundos de alguns prédios da rua de São Bento, em cota superior (como o prédio do Grande Hotel), e de outro lado era constituída por um vasto casario de aspecto bastante modesto e que tinha seus quintais de fundo dando para o Anhangabaú, que nessa época era ainda um vasto descampado de aspecto semi-rural.

Fig. 87 - A rua Líbero Badaró em 1908, antes da remodelação, com sua primitiva largura de 7 metros. A foto, tirada próximo à travessa do Grande Hotel, mostra as casinhas de aluguel do conde de Prates, que na época abrigavam prostíbulos – origem da má fama do logradouro.

Fonte: Prefeitura Municipal de São Paulo, *Álbum comparativo da cidade de São Paulo*, organizado pelo exmo. sr. dr. Washington Luís Pereira de Sousa, prefeito municipal (São Paulo: s/ed., 1916).

Na foto ao lado, de 1908, tomada próximo à travessa do Grande Hotel (na atual rua Miguel Couto), em direção à rua Direita, percebe-se ainda essa característica de "fundos" da cidade. Afinal, a Líbero Badaró, com esse aspecto, situava-se em pleno coração da cidade, a um quarteirão do valorizado Triângulo comercial (fig. 87).

Essa característica de área desvalorizada era decorrente do histórico papel assumido por essa rua, que sempre se mantivera na vertente oposta à zona mais importante da cidade (região do Pátio do Colégio, Sé e 15 de Novembro).

Assim, quando, em fins do século XIX, São Paulo inicia sua expansão para o lado oeste, os espaços da colina central situados nesse sentido passam a ser valorizados, sobretudo em pontos próximos à conexão com esses novos bairros, como o Viaduto do Chá e a rua de São João.

A rua Líbero Badaró, que passava por esses dois pontos, apresentava, então, um imenso potencial de utilização. No entanto, suas características naquele momento não se compatibilizavam com o grande projeto de modernização que se pretendia imprimir na região. A Líbero Badaró, nessa época, era conhecida como a rua dos prostíbulos, da má freqüência, enfim, era um enquistamento que desvalorizava a paisagem central. Estava bastante distante, portanto, daquele ideal estético de europeização que o governo pretendia trazer ao local.

Essa questão da prostituição na cidade foi historiada por um antigo delegado de polícia, Guido Fonseca, que assim descreve a rua no início do século XX:

> De todas as ruas depravadas de São Paulo, uma das mais conhecidas foi a rua Nova de São José, hoje Líbero Badaró. Não sabemos com exatidão quando as marafonas para lá se mudaram. O que se pode dizer é que a partir de certo momento elas se instalaram nas casinhas ali existentes, e em número tão elevado, que os prédios foram insuficientes para recebê-las. [...] Com o alargamento da Líbero Badaró, no começo do século, as mariposas, mais uma vez, foram desalojadas. Muitas foram para as ruas dos Timbiras, Ipiranga, Amador Bueno e áreas circunvizinhas. Outras deslocaram-se para as ruas São Francisco, Benjamin Constant e Senador Feijó.[1]

Por essas características, a rua Líbero Badaró necessitava então de urgentes melhoramentos. Daí o surgimento de propostas de intervenção como as de Silva Teles e da Diretoria de Obras Municipais.

O casario da planta a seguir era todo pertencente ao conde de Prates, que morava no palacete que aparece ao fim dessa quadra, na esquina com a rua Direita. Eram cerca de quinze casas de aluguel transformadas em cortiços e prostíbulos, que constituíam uma das principais fontes de renda do tal conde (fig. 88).

Aliado à questão da segregação, o projeto de remodelação do Anhangabaú tinha como principal objetivo a melhoria da circulação na área central. E o alargamento da Líbero Badaró aparecia como a melhor alternativa para isso, ampliando a capacidade viária da colina central (em substituição à estreita rua de São Bento) sem precisar realizar custosas desapropriações na zona do Triângulo. Possibilitava também estabelecer fáceis conexões com o eixo norte–sul da cidade – ou seja, com a Brigadeiro Luís Antônio e a Paulista (no lado sul) e o Viaduto Santa Ifigênia e a Luz (no lado norte).

---

[1]   Guido Fonseca, *História da prostituição em São Paulo* (São Paulo: Resenha Universitária, 1982), pp. 153-155.

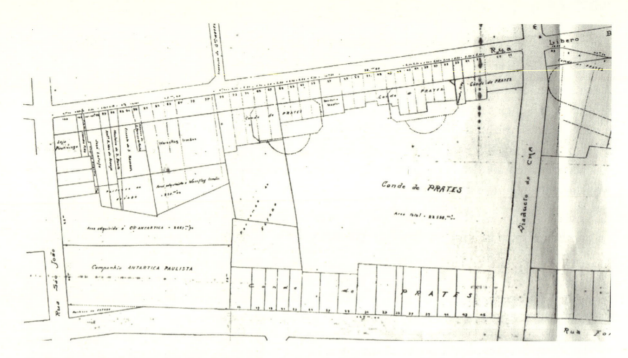

Fig. 88 - A organização dessa planta foi solicitada pelo próprio conde de Prates por ocasião da venda de seus terrenos ao governo do estado para a realização do plano Bouvard. Além de possuir cerca de dezessete propriedades na rua Líbero Badaró, ele era dono de quase todo o vale até a encosta oposta.

Fonte: Secretaria Estadual de Agricultura, Comércio e Obras Públicas, *Relatório anual*, São Paulo, 1913.

O alargamento da Líbero aconteceu, em sua maior parte, entre os anos de 1911 e 1914, interligado a outras obras e melhoramentos, como a abertura de uma praça na esquina com a rua Direita (a futura praça do Patriarca, concluída em 1924) e o alargamento da rua de São João.

Um fato marcante notado nesses anos foi que a reedificação aí realizada permitiu estabelecer uma moderna e homogênea tipologia arquitetônica que não teve equivalente em nenhuma outra rua da cidade.

A rua Líbero Badaró tornou-se assim, nesses anos 1910, uma das mais importantes ruas comerciais paulistanas, passando a dividir o prestígio com os tradicionais logradouros do Triângulo: a 15 de Novembro (a rua dos bancos), a de São Bento (a rua das bolsas e corretoras) e a Direita (a rua das butiques da moda).

Boa parte do caráter inovador de sua arquitetura deveu-se às experimentações e novas tecnologias construtivas introduzidas pelo escritório técnico de Samuel das Neves, responsável pela maioria das novas edificações aí erigidas. Entre 1910 e 1925 executaria 25 projetos para essa rua.

Para melhor compreensão do processo de mutação registrado nessa rua, as obras de alargamento serão analisadas por trechos: da José Bonifácio até a Direita; da Direita até a São João; e da São João até o largo de São Bento.

1º trecho – da rua José Bonifácio até a rua Direita

Nas duas fotos comparativas (figs. 89 e 90), tomadas próximo à ladeira Doutor Falcão olhando-se para o largo de São Francisco, já é possível perceber grandes alterações num período de seis anos. Todo o lado direito da rua voltado para o Vale do Anhangabaú é demolido e reedificado em novo alinhamento, respeitando à nova dimensão de 18 m para a largura da via.

O sobrado de esquina, em que estava a Casa de Empréstimos e Penhores de Luís Médici, é substituído por um moderno edifício eclético com mansardas – o Palacete Médici –, que foi projetado e construído pelo escritório de Samuel das Neves em 1912. Trata-se da primeira estrutura alta de concreto armado da cidade, com seis pavimentos no lado voltado para a ladeira. Experiência pioneira, atribuída ao filho de Samuel, Cristiano Stockler das Neves, arquiteto formado em 1911 na Pensilvânia, e que de regresso ao Brasil introduz a prática do cálculo estrutural nos escritórios paulistas.

Figs. 89 e 90 - Rua Líbero Badaró na esquina com a ladeira Dr. Falcão em 1910 e 1916. Portanto, antes e depois do alargamento.

Fonte: Prefeitura Municipal de São Paulo, *Álbum comparativo da cidade de São Paulo*, organizado pelo exmo. sr. dr. Washington Luís Pereira de Sousa, prefeito municipal, cit.

Em relação a esse assunto, é interessante deixar registradas algumas das experiências pioneiras de emprego do concreto armado na construção civil realizadas nesse período. A primeira delas parece ser da autoria de Francisco Notaroberto, em um edifício de três pavimentos construído em 1908 na esquina das ruas Direita e de São Bento. Outra experiência de grande relevância foi o Edifício Guinle, construído em 1913 na rua Direita, projetado pelo engenheiro civil Hipólito Gustavo Pujol Júnior, com apoio técnico do Gabinete de Resistência dos Materiais da Escola Politécnica, e que atingiu a altura de oito andares. Outro grande edifício dessa época foi o da sede do London & River Plate Bank, com onze andares, situado na rua 15 de Novembro.[2]

Esses quatro edifícios, que registram tais experiências pioneiras, existem até os dias de hoje.

2º trecho – da rua Direita até a rua de São João

Nesse trecho, o alargamento da Líbero Badaró é exposto em várias seqüências fotográficas.

Na primeira delas, junto ao Viaduto do Chá, nota-se a demolição dos dois edifícios de esquina, e o do lado direito (residência do conde de Prates) dá lugar a um espaço livre, que servirá para integrar a futura praça do Patriarca aos jardins do Parque Anhangabaú (figs. 91 e 92).

Essa área livre aparece melhor nas fotos a seguir, tomadas em direção ao edifício do conde de Prates (figs. 93 e 94).

Fig. 91 - Foto de 1911 tomada da Líbero na entrada do viaduto. O sobradão à esquerda era a residência do conde de Prates.

Fig. 92 - Mesma tomada da foto anterior, agora, em 1916. O lado ímpar da Líbero Badaró já havia sido totalmente demolido para o alargamento da rua. O prédio à esquerda era de reconstrução recente. O vale ainda não estava com o paisagismo concluído. O terreno da antiga residência do conde de Prates ficaria desocupado para receber o projeto de um novo viaduto, que se conectaria a uma praça que seria aberta no local. A praça só foi aberta em 1926 (praça do Patriarca), e o novo viaduto, de concreto, só se realizou em 1939.

Fonte: Prefeitura Municipal de São Paulo, *Álbum comparativo da cidade de São Paulo*, organizado pelo exmo. sr. dr. Washington Luís Pereira de Sousa, prefeito municipal, cit.

---

[2] Ver Augusto Carlos de Vasconcelos, *O concreto no Brasil: recordes, realizações, história* (São Paulo: Copiare, 1985); e Sylvia Ficher, "Edifícios altos no Brasil", em *Espaço & Debates*, nº 37, São Paulo, 1994.

Figs. 93 e 94 - Neste trecho, as fotos comparativas de 1911 e 1916 mostram os escombros dos cortiços existentes na rua e o resultado da remodelação posterior, quando tanto a casa do conde de Prates quanto parte dos sobrados foram transformados em jardins (situados abaixo dos gradis).

Fonte: Prefeitura Municipal de São Paulo, *Álbum comparativo da cidade de São Paulo*, organizado pelo exmo. sr. dr. Washington Luís Pereira de Sousa, prefeito municipal, cit.

As fotos de 1911 (figs. 93 e 94) registram um importante momento das obras, quando grande parte do casario confrontante com o Anhangabaú já havia sido demolida, mas as obras de remodelação do vale tardavam a começar. Essa situação perdurou por quase três anos, ficando toda a região coberta pelos escombros, o que causou constantes protestos na época. O prefeito Washington Luís chegou a comentar o fato mais tarde:

> [Em 1914] Todos os prédios edificados nesses terrenos e que formavam as ruas Líbero Badaró, de São João, Formosa e o largo da Memória tinham sido demolidos, e toda essa enorme área, na parte mais central da cidade, estava intransitável, suja, perigosa e anti-higiênica, constituindo um atestado de incúria e de inobservância dos elementares preceitos de defesa da saúde pública. O Vale do Anhangabaú, nesse ponto, era um vasto lodaçal, negro e repulsivo, cortado de valas de agrião, coberto de mato, com enormes lagoas de águas verdes, represadas pelas depressões do terreno, pelos escombros das demolições, por alicerces à flor da terra; todo ele estava transformado em descomunal sentina, na parte central da cidade, devassada do Viaduto do Chá, de intenso tráfego, e

Fig. 95 - Esta foto do vale foi tomada de cima do viaduto olhando-se em direção ao bairro da Bela Vista. Como se percebe, até 1914, quando a Líbero Badaró já estava praticamente concluída, o vale ainda estava com os trabalhos em fase inicial. A partir dessa data, o prefeito Washington Luís negocia um empréstimo e consegue retomar os trabalhos, finalizando-os em 1917.

Fonte: Prefeitura Municipal de São Paulo, *Álbum comparativo da cidade de São Paulo*, organizado pelo exmo. sr. dr. Washington Luís Pereira de Sousa, prefeito municipal, cit.

Fig. 96 - O gradil que aparece na fig. 94 deu origem a um jardim que nos anos 1920 se integraria à praça do Patriarca.

Fonte: Prefeitura Municipal de São Paulo, *Álbum comparativo da cidade de São Paulo*, organizado pelo exmo. sr. dr. Washington Luís Pereira de Sousa, prefeito municipal, cit.

estendia-se como mancha desonesta entre os formosos palácios que se edificaram na Líbero Badaró, sem acessos, e o admirável Teatro Municipal na esplanada oposta[3] (fig. 95).

Essa situação perdurou desde 1912 até fins de 1914 e só começou a ser melhorada a partir da aprovação da Lei nº 1.811, de 12 de outubro desse ano, quando foram então liberados os recursos financeiros para a continuidade do projeto (nessa época, os dois palacetes do conde de Prates já estavam finalizados).

Tal fato permite concluir que as obras de melhoramentos do vale propriamente ditas ficaram interrompidas durante quase toda a gestão do governo de Raimundo Duprat, preocupando-se este mais com a parte relativa à remodelação da rua Líbero Badaró. A retomada dos trabalhos só foi realizada pelo prefeito seguinte, Washington Luís, que a entregou finalizada em 1917.

Na foto de 1916 (fig. 94) o local da casa do conde de Prates (já demolida) dá lugar a um gradil de frente para o vale. No trecho contíguo ao gradil (não aparecendo na foto) já estavam levantados os dois novos palacetes Prates, projetados por Samuel das Neves. Do outro lado da rua, as edificações existentes em frente a esse gradil serão demolidas por ocasião da abertura da praça do Patriarca. O prédio de quatro andares é de construção recente e está postado depois do viaduto. Ao fundo, o Edifício Médici, na esquina com a ladeira Doutor Falcão, também projetado pelo escritório de Neves.

---

[3] Prefeitura Municipal de São Paulo, *Relatório de 1917 apresentado à Câmara Municipal de São Paulo pelo prefeito Washington Luís Pereira de Sousa* (São Paulo: Vanorden, 1919), p. 88.

Uma outra foto tomada de outro ângulo mostra melhor essa situação (fig. 96).

Outra seqüência de fotos desse trecho da Líbero Badaró, tiradas a partir da esquina com a rua de São João, mostra, com melhor angulação, as profundas alterações acontecidas num período de cinco anos (figs. 97, 98 e 99).

A condução do processo de reconstrução dos prédios foi balizada por dois dispositivos legais: o primeiro, constante na própria lei que aprovava o alargamento da rua (Lei nº 1.457, de 9-9-1911) e que, em seu artigo 4º, definia que "nenhum prédio poderá ser construído na rua Líbero Badaró, com menos de três pavimentos".

O outro dispositivo, aprovado pouco tempo depois (Lei nº 1.585, de 3-9-1912), fixava critérios de homogeneização estética nas fachadas das novas construções realizadas em locais de intervenção previstos pelo plano Bouvard (ruas Líbero Badaró, de São João, Conceição e região da Sé), estabelecendo que, "em todos os quarteirões de prédios que forem construídos em qualquer rua ou praça, as linhas mestras arquitetônicas serão horizontais e obedecerão às da construção que ocupar ponto mais alto", com a observação de que, quando essas diferenças fossem muito acentuadas devido à declividade da rua, o quarteirão seria dividido em blocos uniformes de construção, de forma que se evitassem ressaltos nas linhas de fachada (artigo 5º).

Essa mesma lei também exigia que, nos cruzamentos de todas as ruas da cidade, os prédios de esquina tivessem seus cantos oitavados ou arrematados em arco de círculo, de dimensões iguais às existentes nos outros cantos da mesma esquina, de maneira que a harmonia visual de todo o conjunto arquitetônico fosse favorecida. As guias das calçadas deveriam acompanhar essa curvatura em arco, visando, além da

Fig. 97 - As grandes transformações da rua são observadas nesta foto e na seguinte, datadas, respectivamente, de 1910 e 1916 e tomadas da esquina com a rua de São João.

Fig. 98 - Em 1916, as prescrições construtivas específicas para essa rua deram origem a uma grande harmonia arquitetônica nos prédios reconstruídos.

Fonte: Prefeitura Municipal de São Paulo, *Álbum comparativo da cidade de São Paulo*, organizado pelo exmo. sr. dr. Washington Luís Pereira de Sousa, prefeito municipal, cit.

Fig. 99 - No mesmo ano de 1916, esta foto retrata um outro ângulo dessa esquina com a São João.

Fonte: Eletricidade de São Paulo S.A. (Eletropaulo), *A cidade da Light: 1899-1930* (São Paulo: Eletropaulo, 1990).

estética, à melhoria de visualização do trânsito pelos motoristas e à facilidade de executar as curvas com seus veículos. Caso este especialmente importante para os condutores dos bondes.

Notar a inexistência de poluição visual, devido à ausência de redes aéreas de transmissão de luz, força e telefonia. Esse fato é decorrente da extensão, para essa rua, das restrições estabelecidas pelo Ato nº 26, de 18-10-1898, que proibia o assentamento de postes nas ruas do Triângulo e praças da cidade. Os únicos casos de fiação e posteamento existentes são os destinados às linhas de bonde.

A aplicação prática de todas essas diretrizes legais permitiu que a Líbero Badaró adquirisse um perfil extremamente homogêneo, que a tornava bem próxima dos ideais estéticos de europeização que se pretendia adotar na área central paulistana. Nesse sentido, a Líbero Badaró, com esse conjunto arquitetônico mais os dois palacetes do conde de Prates (alugados ao Automóvel Clube e à prefeitura, logo que concluídos, em 1914), transformou-se na mais bela rua comercial da cidade, assumindo uma importância comparável à da rua 15 de Novembro.

Essa inversão de valores, processada de forma tão rápida, é conseqüência clara da mudança de polaridade existente na colina central. Em 1910, a Líbero Badaró é uma rua de cortiços e prostíbulos – o *basfonds* da cidade – e, em 1916, uma das ruas mais elegantes e disputadas pelo mercado imobiliário.

O que justifica o fato de, alguns anos mais tarde, aí ser realizado o projeto do então mais alto edifício da cidade – o Prédio Sampaio Moreira –, com catorze andares. Concluído em 1924, ficou conhecido popularmente, tempos depois, como o "avô dos arranha-céus de São Paulo". Foi também projetado pelo escritório de Neves, que depois para lá se transferiu.

Em termos de estética arquitetônica, a Líbero Badaró ultrapassa a 15 de Novembro. Esta última, segundo depoimento de Alfredo Moreira Pinto, era, no início do século XX, "a principal rua da cidade, a de mais comércio e animação";[4] no entanto, seu aspecto era bastante heterogêneo, com total ausência de critérios de uniformidade de gabaritos, de linhas mestras e de estilos arquitetônicos, uma vez que as construções aí existentes não eram contemporâneas umas das outras e, portanto, tinham sido concebi-

---

[4] Alfredo Moreira Pinto, *A cidade de São Paulo em 1900*, vol. XIV da Coleção Paulística (São Paulo: Governo do Estado, 1979), p. 224.

das segundo parâmetros distintos dos códigos de obras. Tal fato incomodava os observadores mais atentos, como, por exemplo, Adolfo Konder, que, em artigo publicado em 1906, intitulado "Mercantilismo e estética", criticava a presença de elementos interferentes na paisagem da rua, como os imensos painéis publicitários, e de edifícios construídos segundo os estilos mais diversos, que, segundo ele, se constituíam em um "aborto arquitetônico que é o regalo dos tabaréus"[5] (fig. 100).

Assim, a unidade estilística da Líbero Badaró seria predominante do lado voltado para o vale, uma vez que aí a reconstrução fora total e realizada quase simultaneamente. No lado oposto (figs. 101 e 102), tal unidade tenderia a ser atingida conforme as reconstruções fossem sendo realizadas. Mas com o risco de uma certa perda de harmonia nas linhas de arremate superiores, porque nessa época se iniciava o domínio do

Fig. 100 - A 15 de Novembro, a rua comercial mais valorizada da cidade, passa, a partir de 1915, a receber a concorrência da Líbero Badaró, mais moderna e com melhor estética.

Fonte: Eletricidade de São Paulo S.A. (Eletropaulo), *A cidade da Light: 1899-1930*, cit.

Figs. 101 e 102 - Nessa mesma esquina com a rua de São João, as fotos mostram as diferenças registradas na face esquerda da Líbero Badaró, onde as reconstruções não foram compulsórias.

Fontes, respectivamente: Prefeitura Municipal de São Paulo, *Álbum comparativo da cidade de São Paulo*, organizado pelo exmo. sr. dr. Washington Luís Pereira de Sousa, prefeito municipal, cit.; e Anita Salmoni & Emma De Benedetti, *Arquitetura italiana em São Paulo* (São Paulo: Perspectiva, 1981).

---

[5] Adolfo Konder, "Mercantilismo e estética", em *O Onze de Agosto*, nº 3, ano 4, São Paulo, 1906, p. 20.

Fig. 103 - Esta foto, de cerca de 1922, mostra o 3º trecho da Líbero Badaró, alargado posteriormente em função do novo alinhamento da rua São João.

Fonte: Eletricidade de São Paulo S.A. (Eletropaulo), *A cidade da Light: 1899-1930*, cit.

conhecimento sobre o cálculo de estruturas em concreto armado, o que fazia a construção civil bater sucessivos recordes na altura atingida pelos prédios.

É por essa razão que um edifício construído dez anos depois, como o Sampaio Moreira, já atingiria os catorze andares. E, logo após, também na Líbero Badaró, o Edifício Martinelli chegaria aos trinta andares. Dessa forma, pelo menos no que se refere a esse lado da rua, as construções realizadas posteriormente ao plano Bouvard romperiam com a volumetria e a estética previstas originalmente para essa rua.

3º trecho – entre a rua de São João e o largo de São Bento

O último quarteirão da Líbero Badaró foi alargado posteriormente ao restante da rua, pois dependia da conclusão das obras de melhoramentos da rua de São João. Na verdade, este último segmento da rua estava menos atrelado ao projeto de remodelação do Vale do Anhangabaú, que abrangia somente o perímetro ao sul da São João, até o largo do Riachuelo, remodelação esta concluída em 1917 pelo prefeito Washington Luís.

Assim, só em 1918 é que esse trecho é alargado, com a realização de obras de aterramento no leito da via, visando amenizar sua acentuada declividade.

Do lado do vale, a reconstrução segue a mesma unidade estilística do conjunto arquitetônico do quarteirão anterior. Do lado superior (par), há ainda a presença de casario antigo entremeado pelas novas construções com mais de três andares. Notar que o alargamento da São João só está concluído no trecho que vai em direção ao Paissandu. No trecho da ladeira, em direção à rua de São Bento, ele seria realizado só no início dos anos 1920, ocasião em que esse casario mais antigo é demolido (fig. 103).

Avenida São João

Situada na vertente oeste da colina central, essa via de irradiação não chegou a ser incluída na primeira série de fotografias realizadas por Militão de Azevedo, em 1862. Prova, certamente, de que esse

Figs. 104 e 105 - Fotos comparativas da ladeira de São João na esquina com a rua de São Bento, realizadas, respectivamente, em 1887 e 1914.

Fonte: Prefeitura Municipal de São Paulo, *Álbum comparativo da cidade de São Paulo 1862-1887-1914*, organizado pelo exmo. sr. dr. Washington Luís Pereira de Sousa, prefeito municipal (São Paulo: Duprat, 1914).

logradouro não tinha importância significativa no contexto urbano da época. Afinal, em 1862, os bairros situados além-Anhangabaú, como Santa Ifigênia e o bairro do Chá (loteado nas terras do barão de Itapetininga), ainda não existiam. A rua de São João era então mais uma via de comunicação com chácaras e cidades do interior paulista.

Em 1887, quando realiza a segunda série fotográfica, a situação já se alterara, porque a ligação com as estações desenvolvera novos eixos viários, que, para serem atingidos a partir do Centro, valorizaram alguns logradouros, como o largo de São Bento (acesso para a Florêncio de Abreu) e a ladeira de São João (acesso para a Brigadeiro Tobias).

A São João, nesse período, é a principal via de comunicação com os novos bairros que surgiam a oeste (Santa Ifigênia e Campos Elísios), numa época em que não havia a concorrência do trajeto pelo Viaduto do Chá, pois este não estava ainda concluído (figs. 104 e 105).

A foto de 1887 (fig. 104), tomada da esquina com a rua de São Bento e na frente do largo do Rosário, mostra uma ladeira bastante habitada, com sobrados maiores ocupando os pontos de cruzamento mais importantes – no início da rua e mais embaixo, junto à rua do Seminário. O hotel que aparece na foto, um tipo de serviço inexistente na cidade poucos anos antes, é um indicador da centralidade e importância desse trecho da rua.

Na terceira série comparativa, fotografada no governo de Washington Luís, em 1914 (fig 105), registram-se poucas alterações na rua: calçamento aperfeiçoado, vegetação, e quase nenhum melhoramento a mais. Entretanto, analisando melhor outras fotografias, percebe-se que toda a rua – à exceção desse trecho superior – já havia sido remodelada.

Por uma questão de reprodução de cenas comparativas, o fotógrafo acabou documentando, em 1914, o único quarteirão onde a rua não tinha passado por transformações nesse período – que era o quarteirão inicial entre a São Bento e a Líbero Badaró.

Em todo o trecho restante, até o Paissandu, a rua tinha sido bastante alargada, e todos os prédios de seu lado par (direito) já estavam demolidos, iniciando-se então a reedificação segundo novos padrões estéticos.

Para explicar melhor esse fato, serão apresentadas algumas seqüências de fotos realizadas nessa mesma época por outros fotógrafos.

1º trecho – entre a praça Antônio Prado e a rua Líbero Badaró

O processo de intervenções nesse logradouro teve como fato inicial as remodelações empreendidas pelo prefeito Antônio Prado no largo do Rosário em 1904.

Visando a dar andamento à sua política de valorização e elitização dos espaços urbanos centrais (leia-se remoção, de áreas degradadas, de enquistamentos étnicos e sociais), ele promoveu em 1903 a demolição da Igreja do Rosário. Esse santuário abrigava a Irmandade do Rosário dos Homens Pretos, e, por essa razão, o local era freqüentado pela comunidade negra paulistana, não sendo raros aí os cerimoniais e as festas de culto afro-brasileiro, que muito incomodavam aos freqüentadores da elitizada rua 15 de Novembro e adjacências.

Por essa razão, a prefeitura negociou com a Irmandade a transferência da igreja para um local afastado (Leis nos 670 e 698, de 1903). Inicialmente se pensou no bairro de Perdizes, mas ao final o translado acabou se concretizando para um logradouro poucos metros adiante do sítio inicial – o largo do Paissandu.

A seqüência de fotos da página seguinte (figs. 106 e 107) foi tomada do largo do Rosário em direção à travessa do Rosário (atual rua João Brícola). Na primeira (fig. 106), aparece, à direita, uma parte da antiga igreja, ao lado de um importante sobrado do período colonial provido ainda de camarinha (pequeno compartimento no telhado), de onde antigamente se podia avistar o movimento das embarcações no rio Tamanduateí.

Fig. 106 - Esta foto, tirada do largo do Rosário em direção à atual rua João Brícola, mostra o início do processo de transformação do largo na praça Antônio Prado. O fato mais significativo ocorrido entre 1903 e 1904 foi a demolição da histórica Igreja do Rosário dos Homens Pretos.

Fig. 107 - No local da Igreja do Rosário é edificado o Prédio Martinico – o mais alto e mais importante conjunto comercial da cidade. Foto de 1916, tomada da mesma angulação da foto anterior.

Fonte: Prefeitura Municipal de São Paulo, *Álbum comparativo da cidade de São Paulo*, organizado pelo exmo. sr. dr. Washington Luís Pereira de Sousa, prefeito municipal, cit.

No ano de 1904 esses prédios já haviam sido demolidos, para pouco tempo depois ser edificado em seu local o famoso Prédio Martinico, símbolo da pujança do Centro comercial e financeiro paulistano. Pertencia a Martinho Prado Jr., irmão do então prefeito, que era seu sócio na cafeicultura e importante deputado republicano.

Na foto de 1914, nota-se o intenso movimento comercial de pedestres e bondes. Essa praça, a partir de então, tornar-se-ia o "coração" da área central da cidade. O edifício, com cinco pavimentos, foi considerado, na época, o maior e mais alto edifício comercial da cidade. Subsiste até os dias de hoje, abrigando as instalações da Bolsa Mercantil e de Futuros de São Paulo (fig. 108).

Com a finalização das obras de remodelação da praça Antônio Prado, o vice-prefeito Raimundo Duprat encaminha à Diretoria

Fig. 108 - O Prédio Martinico, de propriedade de Martinho Prado Júnior, irmão do então prefeito Antônio Prado, seria um marco na cidade, símbolo do apogeu econômico advindo com o café. O intenso movimento comercial da praça transformaria o logradouro no "coração da cidade".

Fonte: Eletricidade de São Paulo S.A. (Eletropaulo), *A cidade da Light: 1899-1930*, cit.

Figs. 109 e 110 - A praça Antônio Prado em outro ângulo, na esquina com a rua de São Bento, olhando-se em direção ao largo de São Bento. Os edifícios à esquerda (prédios da Chapelaria Alberto e da Confeitaria Castelões) seriam desapropriados para o alargamento da rua de São João, de tal forma que o novo alinhamento coincidisse com a embocadura da praça. Mas tal fato aconteceria só no início dos anos 1920, bem depois do alargamento de todo o restante desse logradouro. As fotos são de 1904 e 1916, respectivamente.

Fonte: Prefeitura Municipal de São Paulo, *Álbum comparativo da cidade de São Paulo*, organizado pelo exmo. sr. dr. Washington Luís Pereira de Sousa, prefeito municipal, cit.

de Obras Municipais (em 1908) um pedido de estudos para o alargamento da ladeira e rua de São João, de maneira que se valorize a perspectiva a partir da praça e se resolva a questão do trânsito de veículos no local, um dos pontos de maior congestionamento da cidade.

Tal idéia foi desenvolvida e só começou a ser concretizada em 1912 com a aprovação do plano de alargamento dessa rua, desde seu início até a rua Lopes de Oliveira, nos Campos Elísios (Lei nº 1.596, de 27-9-1912). Esse plano acabou se tornando inteiramente desvinculado das recomendações de Bouvard sobre os melhoramentos viários na área central da cidade.

Por essa ocasião, são então declarados de utilidade pública alguns prédios da rua de São Bento em frente à praça Antônio Prado, de tal maneira que se faça coincidir a nova largura da ladeira de São João com a embocadura dessa praça (Lei nº 1.476, de 16-11-1911) (figs. 109 e 110).

As duas fotos ao lado mostram os edifícios a serem desapropriados: o do Commonwealth (antiga Chapelaria Alberto, na rua de São Bento esquina com a ladeira de São João) e seu vizinho, a Confeitaria Castelões. A última foto é de 1916, ocasião em que, como será visto adiante, todo o trecho inicial da São João já estava alargado, com exceção do quarteirão da ladeira.

Nesse quarteirão, as obras só foram realizadas no início da década de 1920. A causa provável de tal atraso foi o desvio do fluxo de todo o trânsito da rua de São Bento para a rua Líbero Badaró, o que fez com que a praça Antônio Prado e a ladeira de São João deixassem de ser pontos críticos de convergência da circulação viária do

Triângulo. Assim, as obras de melhoramento nesse trecho deixaram de ser prioritárias.

2º trecho – entre a rua Líbero Badaró e o largo do Paissandu

Nesse segmento, o alargamento foi realizado entre 1913 e 1915.

As fotos comparativas tomadas a partir do cruzamento com a Líbero Badaró já registram as diferenças decorrentes do alargamento da rua (figs. 111 e 112).

Na foto de 1916, em primeiro plano, aparece o prédio de esquina com a Líbero Badaró, reconstruído segundo a nova padronização estética vigente: concordância de linhas mestras arquitetônicas, mínimo de três pavimentos e corpo da edificação com cantos oitavados nas esquinas. A partir desse ponto, a rua de São João já se apresenta alargada, tendo agora 30 m de um lado ao outro, até o encontro com a Igreja do Paissandu, e tendo também largo canteiro central com duplo renque de arborização.

Fig. 111 - Esta foto de 1911 mostra a São João na esquina com a Líbero Badaró antes do início das obras de alargamento.

Fig. 112 - No mesmo trecho da rua de São João, nota-se a diferença advinda com o alargamento. Foto de 1916.

Fonte: Prefeitura Municipal de São Paulo, *Álbum comparativo da cidade de São Paulo*, organizado pelo exmo. sr. dr. Washington Luís Pereira de Sousa, prefeito municipal cit.

O partido adotado foi, na verdade, uma simplificação do projeto original de alargamento que a Diretoria de Obras havia concebido para essa rua em 1910. O que se pretendia inicialmente era que a rua tivesse uma largura maior (40 m) e fosse ocupada em seu leito central por um imenso viaduto de alvenaria, que interligaria, num mesmo nível, a praça Antônio Prado e o largo do Paissandu (fig. 113).

Ao final, parece que prevaleceu o bom senso do ponto de vista da estética e da economia, e tal aberração foi substituída por uma solução bem mais harmoniosa, que procurou aliviar os fortes aclives da rua mediante um aterramento discreto em seu leito viário.

A foto de 1920 (fig. 114), realizada no momento do início das obras do prédio dos Correios (em primeiro plano), serve para comprovar que o trecho da ladeira de São João (que aparece ao fundo) só

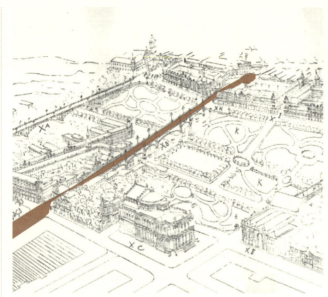

Fig. 113 - O projeto de melhoramentos elaborado pela Diretoria de Obras previa inicialmente o alargamento da rua de São João e a construção de um grande viaduto de concreto em seu leito central, unindo num mesmo nível a praça Antônio Prado ao largo do Paissandu.

Fonte: Prefeitura Municipal de São Paulo, *Relatório de 1911...*

Fig. 114 - Nessa tomada de 1920, aparece em primeiro plano o terreno que abrigaria o edifício dos Correios. Ao fundo, a ladeira de São João ainda estreita e arborizada. O edifício maior à direita era o da Delegacia Fiscal, localizado em pleno vale.

Fonte: Arquivo da Faculdade de Arquitetura e Urbanismo da USP.

foi alargado após 1920, uma vez que a construção do edifício dos Correios foi realizada por Ramos de Azevedo entre 1920 e outubro de 1922.[6]

As seguintes fotos já apresentam o resultado finalizado dos melhoramentos da São João, que nos anos 1920 já se estendia alargada para além do largo do Paissandu, chegando em 1930 até a praça Marechal Deodoro (esquina com a avenida Angélica) (figs. 115, 116 e 117).

Notar que as novas construções realizadas no lado direito (lado alargado) já seguiam as recomendações da Lei nº 1.596, de 27-9-1912, que estabelecia que os prédios dessa avenida tivessem no mínimo três pavimentos. A prefeitura definia também outros parâmetros estetizantes, além dos já menciona-

---

[6] Ver Secretaria dos Negócios Metropolitanos *et al.*, *Bens culturais arquitetônicos no município e na região metropolitana de São Paulo*, São Paulo, 1984, p. 382.

Figs. 115, 116 e 117 - A seqüência mostra o processo renovador da rua de São João na primeira etapa das obras de alargamento até o largo do Paissandu. Finalmente o Centro paulistano poderia ostentar a sua "avenida", símbolo da modernidade urbana da época. Fotos de 1915, 1927 e 1930, respectivamente.

Fonte: Eletricidade de São Paulo S.A. (Eletropaulo), *A cidade da Light: 1899-1930*, cit.

dos, como a adequação das fachadas aos estilos "mais perfeitos arquitetonicamente falando" (Lei nº 1.011, artigo 4º). Essa observância seria verificada por uma comissão de engenheiros nomeados pela Diretoria de Obras Municipais, visando, até mesmo, a distribuir prêmios aos melhores projetos.

A avenida São João adquiriria, assim, o aspecto de uma autêntica "avenida Central", conforme palavras do próprio prefeito Washington Luís.[7] Comparação essa que muito lisonjeava os governantes paulistas, cujo grande ideal político era igualar sua cidade ao Rio de Janeiro, a capital da República, naquele momento a cidade com o Centro mais europeizado do Brasil.

Praça da Sé

O espaço no entorno da praça da Sé foi incluído neste estudo para estabelecer uma comparação, um contraponto com a situação observada na Líbero Badaró.

Na demonstração de nossa hipótese, segundo a qual os espaços da colina central voltados para oeste tiveram uma dinâmica de transformação e de valorização muito superior à daqueles logradouros da vertente leste, a comparação entre a Líbero Badaró e a região da Sé parece ser bem esclarecedora dessa dualidade.

---

[7] Prefeitura Municipal de São Paulo, *Relatório de 1915 apresentado à Câmara Municipal de São Paulo pelo prefeito Washington Luís Pereira de Sousa* (São Paulo: Vanorden, 1916), p. 22.

Existem dois fatores iniciais que podem ser apontados como geradores da diferenciação entre Líbero Badaró e Sé:

1. O primeiro relaciona-se ao relatório de Bouvard. Apesar de este urbanista ter enfatizado a urgência na realização das obras na região da Sé (onde se localizaria o Centro Cívico), a prefeitura acabou priorizando os melhoramentos do lado do Anhangabaú. Essa preferência deveu-se, certamente, ao fato de que o Anhangabaú estava sendo palco de acirradas disputas imobiliárias decorrentes do recuo proposto para as construções da Líbero Badaró, o que dera origem a dois projetos de inter-venção de concepções distintas (o da prefeitura e o do governo estadual), que eram a causa da presença de Bouvard em São Paulo.

2. Antes da vinda de Bouvard, já havia estudos da Diretoria de Obras Municipais relativos à Sé, nos quais se projetava a reconstrução da Igreja e a edificação de uma sede para o Paço Municipal e outra para o Congresso Estadual. Mas, ao iniciarem-se essas obras, em 1911, a Cúria, não satisfeita com o exíguo espaço que fora destinado para a futura Catedral, resolve contestar o projeto e solicita novos estudos. Tal fato gera uma grande indefinição sobre a intervenção na área, que se prolonga até os anos 1920, "congelando" todas as atividades do mercado imobiliário no local.

Para esclarecer melhor esse segundo ponto, serão detalhados alguns aspectos desse processo:

- Desde 1902, a prefeitura já pretendia construir um edifício destinado ao Paço Municipal (leia-se Câmara Municipal) no antigo terreno do Teatro São José, na praça João Mendes, entre as antigas ruas Marechal Deodoro e Capitão Salomão.

- Em 1909, a Mitra resolve construir uma nova Igreja Matriz, em estilo mais moderno, de forma que sua praça fronteiriça também fique aumentada.

- A partir de então, a Diretoria de Obras Municipais elabora um estudo prevendo a desapropriação de alguns quarteirões atrás da Igreja, de maneira que se interliguem as praças da Sé e João Mendes, e aí se construam três edifícios monumentais: a Catedral, o Congresso Estadual e o Paço Municipal.

- Em 1911, logo após o início da construção do novo Paço (projeto de Ramos de Azevedo), a Cúria percebe que o espaço destinado à nova Catedral era bastante exíguo. Solicita então a revisão do estudo.

- Nessa ocasião, Bouvard está em São Paulo. Propõe então um tratamento de conjunto para o local – a construção de um Centro Cívico, que abrigaria de forma condigna e monumental não só a Catedral, mas diversos edifícios públicos (Palácio da Justiça, Palácio do Governo, Congresso e Paço).

- Em 1912, a velha Catedral é demolida. Um novo projeto para o Centro Cívico é encaminhado para aprovação na Câmara. Após infindáveis discussões, são finalmente aprovadas, em 1913, as Leis n°s 1.654 e 1.703, declarando de utilidade pública os prédios do quarteirão compreendido entre as ruas Marechal Deodoro, Benjamin Constant, Senador Feijó e Quintino Bocaiúva. Assim seria criada uma grande esplanada unindo o largo de São Francisco à praça da Sé, onde seria enfim edificado o Centro Cívico.

- As desapropriações foram acontecendo lentamente, porque a prefeitura nessa época já estava instalada no palacete do conde de Prates, e, portanto, a urgência na construção de uma nova sede para suas repartições deixa de existir.

- Até 1920 a situação da Sé permanecia inalterada: seu aspecto era de um imenso espaço aberto, sem tratamento paisagístico e transformada num amplo pátio de estacionamento. A indefinição sobre o alargamento ou não das ruas laterais da praça (Lei n° 1.654/1913) impedia que a Diretoria de Obras pudesse conceder autorização de alinhamento para novas construções, e com isso o mercado imobiliário ficou estagnado naquele local.

A partir de então a Câmara desiste do projeto do Centro Cívico naquela região. Em fins de 1920, volta-se a construir na região da Sé: além da Catedral (cujas obras já tinham principiado em 1914, mas só seriam concluídas em 1954), é iniciada a construção do Palacete Santa Helena (1921), do Palacete São Paulo (1924) e do Palácio da Justiça (concluído em 1933).

Depois de 1922 a questão do Centro Cívico assume outros rumos. Nesse ano, devido às comemorações do Centenário da Independência, o assunto volta à tona e é realizado um concurso de projetos para um novo Paço Municipal, a ser realizado na avenida São João no ponto de cruzamento com o eixo da praça da República. A escolha desse novo local foi do engenheiro João Florence de Ulhoa Cintra, assistente de Vítor Freire na Diretoria de Obras.[8]

Em 1930, com a publicação do Plano de Avenidas, o assunto é retomado, com propostas de localização na Esplanada do Carmo (interligada à praça da Sé e ao Pátio do Colégio) e no eixo divisor das atuais avenidas 9 de Julho e 23 de Maio.

Essa última idéia é a que mais se aproxima do atual projeto da Câmara Municipal (no Viaduto Jacareí), que só foi construída no fim dos anos 1960.

---

[8] Wilson Maia Fina, *Paço Municipal de São Paulo: sua história nos quatro séculos de sua vida* (São Paulo: Anhambi, 1962), p. 165.

Um Centro Cívico, como pretendia Bouvard, jamais foi realizado.

As fotos a seguir registram alguns aspectos da praça da Sé antes e após a demolição da velha Catedral (figs. 118 a 122).

Em 1862, numa bela cena retratada por Militão (fig. 118), a praça da Sé aparece como um dos logradouros mais nobres da cidade. Os valorizados casarões que compõem o cenário desta foto são prova da impor-

Figs. 118 e 119 - A praça da Sé retratada em dois momentos, antes e depois da demolição da igreja. Notar a perda de escala e a sensação de esvaziamento que o alargamento do logradouro causou. A demolição da igreja matriz foi realizada em 1912. Fotos de 1862 e 1914, respectivamente.

Fonte: Prefeitura Municipal de São Paulo, *Álbum comparativo da cidade de São Paulo 1862-1887-1914*, organizado pelo exmo. sr. dr. Washington Luís Pereira de Sousa, prefeito municipal, cit.

Figs. 120 e 121 - Outras vistas da praça, olhando-se em direção à praça João Mendes. A área arrasada pelo projeto "saneador" era constituída por uma série de estreitas ruas que abrigavam inúmeros cortiços e uma zona de prostituição.

Fonte: Prefeitura Municipal de São Paulo, *Álbum comparativo da cidade de São Paulo*, organizado pelo exmo. sr. dr. Washington Luís Pereira de Sousa, prefeito municipal, cit.

tância do local. Como o sobrado da direita, que, segundo Carlos Lemos, foi "o único sobrado rico urbano feito dentro das tradições antigas da província de São Paulo".[9]

Na foto de 1914, já aparece o imenso vazio deixado pela demolição da Igreja, e a total perda de escala entre as dimensões da praça e a das edificações. Nas outras fotos, a praça aparece como uma área descampada, numa época em que o Parque Anhangabaú já estava quase concluído. Notar a maior valorização existente nas desembocaduras das ruas Direita e 15 de Novembro (fig. 122), o único ponto de concentração de edifícios com melhor padrão construtivo e maior número de pavimentos.

Fig. 122 - A vista da praça em direção à rua 15 de Novembro mostra a presença de edifícios de maior porte. Essa é a parte mais valorizada do logradouro.

Fonte: Prefeitura Municipal de São Paulo, *Álbum comparativo da cidade de São Paulo*, organizado pelo exmo. sr. dr. Washington Luís Pereira de Sousa, prefeito municipal, cit.

A futura expansão do Centro rumo a oeste

A conclusão das obras do Parque Anhangabaú e imediações viria, dessa forma, consolidar a existência de uma nova polaridade na região central. O Anhangabaú, com seus jardins entremeados por passeios, bancos, floreiras, estátuas, belvederes, palacetes e a magnífica esplanada do Teatro Municipal, assumiria assim o papel simbólico de uma "fachada" para esse novo Centro. Tal qual um pórtico, que serviria para marcar a entrada no Centro da cidade. Entrada essa que podia ser contemplada por todos aqueles que provinham do setor oeste da cidade, e que chegavam à região pelo Viaduto do Chá (fig. 123).

Sem dúvida nenhuma, o Anhangabaú foi nesse momento o cartão de visitas da cidade, o espaço de maior representação simbólica dos valores daquela classe governante do início do período republicano – daqueles que se haviam enriquecido com o café e se instruído com os valores da cultura urbana européia.

A centralidade assumida pelo Anhangabaú nesse momento seria o elemento viabilizador da tão necessária expansão do Centro para fora da colina histórica, fato a que Silva Teles e Vítor Freire haviam se referido anos antes.

---

[9] Militão Augusto de Azevedo, *Álbum comparativo da cidade de São Paulo 1862-1887* (São Paulo: Secretaria Municipal da Cultura/DPH, 1981), p. 28.

Fig. 123 - A conclusão do Parque Anhangabaú transformaria o local no novo pólo de atração dos investimentos da área central. A expansão futura do Centro dar-se-ia, a partir daí, cruzando o viaduto em direção à Barão de Itapetininga.

Fonte: Benedito Lima de Toledo, *Anhangabaú* (São Paulo: Fiesp, 1989).

A expansão do Centro para a região além-viaduto, no local que seria denominado "Centro Novo", começaria a se realizar lentamente a partir dos anos 1920, mas seria concretizada definitivamente somente no fim dos anos 1930, após a construção do novo Viaduto do Chá, bem mais largo que o anterior.

Um significativo marco nesse sentido foi a transferência de uma das mais importantes e tradicionais lojas comerciais do Centro Velho – o Mappin Stores – para a rua Barão de Itapetininga (figs. 124 e 125).

A transferência em 1939 do antigo prédio do Mappin da praça do Patriarca para um novo edifício em estilo *art déco* situado em frente ao Teatro Municipal – atitude de grande ousadia para a época – provocou apreensão nos comerciantes locais. Um deles chegou a comentar: "Quando o Mappin foi para o lado de lá, todo o mundo achava que era loucura [...] mas nós todos ponderamos que, se eles, que eram uns dos maiores comerciantes, tomavam tal iniciativa, é porque a cidade ia crescer naquele sentido".[10]

---

[10] Zuleika Maria Forlioni Alvim & Solange Peirão, *Mappin: setenta anos* (São Paulo: Ex Libris, 1985), p. 107.

Figs. 124 e 125 - O fato inaugural da transposição do Centro para o outro lado do Viaduto do Chá seria simbolizado pela mudança das casas Mappin da praça do Patriarca para a praça Ramos de Azevedo, em 1939. A maior loja comercial da cidade atrairia como ímã o restante do comércio do Centro Velho em direção ao Centro Novo. Iniciar-se-ia aí a marcha da expansão do Centro em direção à vertente oeste e sul da cidade – até os dias atuais, quando o Centro já atinge a região da Marginal Pinheiros.

Fonte: Zuleika Maria Forlioni Alvim & Solange Peirão, *Mappin, setenta anos* (São Paulo: Ex Libris, 1985).

De fato, nos anos 1940, a região da Barão de Itapetininga, 24 de Maio, e todo o antigo bairro do Chá já estavam tomados pelas lojas comerciais e edifícios modernos, constituindo-se no Centro Novo. A Barão de Itapetininga, roubando o antigo prestígio da rua Direita, seria transformada no local predileto do *footing* paulistano, abrigando lojas de moda, casas de chá e comércio de luxo.

Iniciava-se então um processo de expansão da área central paulistana em direção ao eixo oeste (e depois sul) da cidade – Campos Elísios, Higienópolis, Paulista e Jardins. É um processo que se estende até os dias atuais e que sempre foi impulsionado pelo mesmo princípio: o de que o Centro segue a direção de expansão dos bairros residenciais de mais alta renda da cidade.

Hoje em dia, a área sul do Morumbi está à frente desse processo. Não é sem motivo então que as forças do mercado imobiliário fazem hoje em dia tanta pressão para que um *novo centro* paulistano possa ser produzido na região da marginal Pinheiros e da avenida Luís Carlos Berrini. Afinal, esse local está um passo atrás do mais valorizado bairro residencial paulistano (Morumbi). E um passo à frente de seu mais valorizado centro comercial (o da Faria Lima). É para aí que as polaridades estão convergindo.

Considerações finais

As hipóteses levantadas no início deste livro foram comprovadas através de três capítulos.

Assim, no primeiro capítulo ficou demonstrada a primeira delas – aquela referente à inversão na polarização dos espaços situados na colina central paulistana. Essa alteração decorreu de influências exógenas à área central paulistana, advindo sobretudo do efeito de "imantação" exercido por grandes empreendimentos realizados ao norte e a oeste da cidade – a Estação da Luz, num primeiro momento (1870), e depois os loteamentos de bairros destinados à população de alta renda: Campos Elísios e Higienópolis (após 1880).

Em razão desse efeito de atração, os espaços da colina central têm sua função redefinida, observando-se uma maior valorização daqueles voltados para o lado oeste, região próxima à rua Líbero Badaró, ao Viaduto do Chá e à rua de São João.

A construção do Viaduto do Chá e do Teatro Municipal, na vertente do Vale do Anhangabaú oposta à do Centro Velho, será o fato principal que dará origem aos diversos projetos de melhorias para o local. A partir desse momento, essa região problematiza-se, tornando-se objeto de estudos e propostas de intervenção, de onde surgirá o primeiro plano urbanístico para a cidade.

No segundo capítulo, é apresentado então o detalhamento desses projetos de intervenção para o vale, projetos estes que na realidade estão procurando resolver diversos problemas da área central relacionados à questão de seu descongestionamento e ampliação. O importante a ser salientado nesse capítulo é que tais propostas estavam inseridas num contexto político conflituoso, cujas discussões darão origem ao primeiro plano com fundamentação urbanística realizado em São Paulo.

Nesse plano, Vítor Freire introduz uma série de conceitos novos, advindos da experiência urbanística realizada no contexto internacional, ambiente este dominado, na época, pelos alemães. Embora o plano de Freire não tenha sido executado da forma pela qual foi proposto inicialmente, seus conceitos foram incorporados ao plano de Bouvard. Mais importante do que isso é o fato de que esse enfoque analítico e metodológico de Freire iria exercer profunda influência em toda uma geração de urbanistas paulistanos que o sucederam, especialmente Ulhoa Cintra e Prestes Maia.

Por fim, no terceiro capítulo são apresentadas diversas seqüências de fotos detalhando o momento de realização das obras de melhoramentos na área envoltória do Anhangabaú. A rua Líbero Badaró e o vale mereceram as maiores atenções por parte do governo, uma vez que estavam situados em posição estratégica.

Essa localização privilegiada decorre do fato de que esses logradouros interligavam os dois grandes eixos de comunicação da colina central com os bairros a oeste – as ruas de São João e Barão de Itapetininga.

Com o decorrer do tempo, observa-se a predominância da valorização da Barão de Itapetininga em detrimento da São João, pelo fato de ela servir à ligação com Higienópolis. E também por estar conectada ao tradicional Centro Velho por meio de uma ligação em nível (o Viaduto do Chá), constituindo-se assim em um prolongamento natural da rua Direita, até então, a mais importante rua comercial da cidade.

Assim, a expansão do Centro da cidade inicia a sua "marcha para oeste". Do Tamanduateí já se havia transferido para o Anhangabaú e, nesse momento, prosseguia atravessando o Viaduto do Chá em direção à praça da República, vindo nos anos 1930 e 1940 a consolidar o "Centro Novo" nessa região.

A partir daí, continuaria nessa sua rota de expansão rumo ao setor sudoeste da cidade, chegando à avenida Paulista nos anos 1960 e 1970 e à Faria Lima nos anos 1980.

Atualmente está consolidando sua posição ao longo do setor sul da marginal Pinheiros. É por essa razão que o eixo constituído pelas avenidas Luís Carlos Berrini e Faria Lima tende a polarizar os grandes investimentos imobiliários realizados hoje na cidade.

Se em seus momentos de glória, tanto o Tamanduateí quanto o Anhangabaú tiveram seus projetos de melhoramento e embelezamento realizados – o da Ilha dos Amores e o do Parque Anhangabaú. Não se torna difícil, então, imaginar onde será realizada a próxima grande operação urbana de nossa cidade na região da Faria Lima e Águas Espraiadas.

Apêndice

Camillo Sitte (1843-1903) nasceu em Viena, Áustria, diplomando-se em artes e arquitetura. Após empreender viagens por diversos países europeus, é convidado, em 1883, para organizar a nova Escola Imperial de Artes Aplicadas de Viena. Inicia então um período de grande produção intelectual, redigindo diversos ensaios sobre arquitetura e urbanismo. Em 1889 publica o livro que viria a consagrá-lo internacionalmente, *Der Städtebau nach seinen künstlerischen Grundsätzen* (A construção de cidades segundo seus princípios artísticos). Nessa obra, apresenta uma crítica ao projeto da imensa avenida circular construída em Viena, a *Ringstrasse,* símbolo de modernidade na época, marcada pela monumentalidade das construções, dos espaços públicos e pela facilidade de circulação. O princípio defendido por Sitte procura retomar o exemplo das bem resolvidas cidades medievais e antigas, onde a relação entre a volumetria dos edifícios, dos espaços livres e da escala humana era mais agradável, induzindo ao pinturesco e ao inesperado. Participa também do júri de diversos concursos internacionais de urbanismo, com Baumeister e Stübben. Em 1903, pouco antes de falecer, lança com Theodor Goecke a revista *Der Städtebau* (A construção urbana). O pensamento de Sitte inaugura uma corrente independente dentro dessa nova ciência, e sua argumentação conseguirá influenciar muitas das concepções de caráter culturalista que se elaborarão posteriormente. Além dos alemães Karl Henrici, Theodor Fischer, Theodor Goecke, Felix Gemzer, Cornelius Gurlitt e Albert Brinckmann, as idéias de Sitte serão predominantes nos trabalhos dos ingleses Raymond Unwin e Barry Parker, do irlandês Patrick Geddes, dos franceses Marcel Poëte, Émile Magne, Gaston Bardet e de muitos outros.

Por ocasião da morte de Sitte, em 1904, um jornal de Chicago publicou um interessante comentário sobre o método de trabalho do arquiteto vienense:

> Os estudos urbanos elaborados por Sitte, especialmente aqueles a respeito das cidades medievais, eram enciclopédicos em seu conteúdo, e apresentavam um interessante procedimento não somente por seu sentido prático e de detalhismo, mas também por saber aproveitar com prazer o programa de viagem a uma cidade desconhecida. Ao desembarcar numa estação, Sitte pedia ao cocheiro para levá-lo imediatamente à praça central. Aí, ele procurava pela melhor livraria existente e então

perguntava por três informações básicas: primeiro, onde se localizava o melhor mirante para se avistar a cidade; segundo, onde poderia encontrar o melhor mapa da cidade; e, terceiro, em qual hotel poderia degustar as melhores refeições. Depois, tendo cortado o mapa em pequenas partes facilmente manuseáveis ao vento, ele se dirigia a esse mirante onde permanecia por várias horas analisando o plano da cidade. Mais tarde, ele estudaria todas essa informações em detalhes e faria esboços da praça da catedral, da praça do mercado e de outros importantes pontos da estrutura daquela cidade. Em 1889, depois de trinta anos realizando tais observações, ele escreveu um livro sobre o assunto.[1]

Charles F. G. Buls (1837-1914), nascido na Bélgica, teve formação inicial na área de artes e ourivesaria. A partir de 1862 entra na vida política, empreendendo viagens por diversos países da Europa. Publica seus primeiros estudos sobre cidades. Em 1893, envolvido com a questão da preservação dos bairros mais antigos de Bruxelas, escreve o *Esthétique des villes,* que se tornaria seu livro mais célebre. Seu trabalho ganharia difusão internacional após o 1º Congresso de Arte Pública, organizado por ele em 1898. Embora negue influências de Sitte na fase inicial de sua obra, creditando-as mais à tradição de Viollet-le-Duc, foi um seguidor da escola sittiana. Tinha amizade próxima com Stübben, tendo este último traduzido o *Esthétique des villes* para o alemão, logo em 1894 *(Die Schönheit der Städte).* Reciprocamente, traduziria para o francês em 1895 a memória que Stübben havia apresentado na Exposição Columbiana dois anos antes, sob o título de *La construction des villes.* O pensamento de Buls exerceria, posteriormente, enorme influência nas obras de Émile Magne, Marcel Poëte, Gustave Kahn e August Endell.

Joseph-Antoine Bouvard (1840-1920), arquiteto francês, estudou com Constant Dufeux e iniciou sua carreira profissional com Adolphe Alphand, responsável pelos projetos de remodelação dos grandes parques parisienses na época do prefeito Georges-Eugène Haussmann. Participou das Exposições Universais de Paris dos anos de 1878, 1889 e 1900. Quando esteve em São Paulo, já com 70 anos de idade, exercia o cargo de diretor dos Serviços de Arquitetura, Passeios, Viação e Plano da cidade de Paris. Sua permanência por um período de dois meses em São Paulo, em estreito contato com políticos paulistas, ensejou a formação de uma empresa de incorporação. Com um amigo, Lavelaye (banqueiro francês radicado no Brasil), e outros investidores, como Horácio Belfort Sabino e Cincinato Braga, associou-se a banqueiros londrinos e, com o aval de Vítor Freire, constituiu a Companhia City, que seria responsável nos anos seguintes pela incorporação de imensas glebas no setor oeste da cidade.

---

[1] Cf. George E. Hooker, "Camillo Sitte, City Builder", em *Chicago Record Herald,* 15-1-1904, p. 6, *apud* George R. Collins & Christiane C. Collins, *Camillo Sitte and the Birth of Modern City Planning* (2ª ed. Nova York: Rizzoli, 1986), p. 63.

Nesse mesmo ano de 1911, já realizaria o primeiro projeto de um loteamento para essa empresa – o bairro do Pacaembu –, que acabou não sendo aprovado pela prefeitura, porque adotava arruamentos curvos e em fundo de vale, solução que contrariava a legislação então vigente (Código de 1886). Logo depois, os investidores ingleses contratariam o urbanista Barry Parker para substituí-lo nessa função.

Joseph Stübben (1845-1936) desenvolve longa e extensa atividade profissional. Como arquiteto e urbanista, trabalha nas cidades de Berlim (1864-1870), Aachen (1876-1881), Colônia (1881) e Posen (1904-1920), elaborando também inúmeros planos de extensão e remodelação para cerca de quarenta cidades da Alemanha e de outras partes da Europa. Seu projeto mais importante é o plano de extensão para Colônia, na Alemanha. Obtém o primeiro prêmio no concurso para o Plano da Grande Viena em 1892. Desempenha papel fundamental nos Congressos Internacionais de Urbanismo, sobretudo nos de Bruxelas (1898), Londres (1910) e Gand (1913). Redige inúmeros artigos nos periódicos mais importantes do período: *Der Städtebau, Deutsche Bauzeitung* e *Zeitschrift für Bauwesen*. Seu livro mais importante, *Der Städtebau* (A construção de cidades), foi referência fundamental para o pensamento dos primeiros urbanistas paulistanos, notamentente Vítor Freire e Prestes Maia.

Reinhard Baumeister (1833-1917), nascido em Hamburgo, Alemanha, trabalha como engenheiro e urbanista na elaboração de planos reguladores, com associações profissionais, municípios e órgãos públicos. Professor da Technische Hochschule Karlsruhe (Escola Técnica Superior de Karlsruhe), dedica grande parte de sua intensa atividade à elaboração teórica. Escreve sobre o ensino do urbanismo e da estética urbana aos engenheiros, como em seu primeiro livro, *Architektonische Formenlehre für Ingenieure* (O ensino da forma arquitetônica para os engenheiros) (1866), e em diversos escritos publicados pela Technische Hochschule (1878). Estabelece as bases do urbanismo como ciência e é o primeiro a admitir que o urbanismo tem como condicionante principal o tráfego de veículos. É também o pioneiro na proposição de uma legislação sobre zoneamento. Discorre extensamente sobre a questão da moradia, do saneamento urbano e dos instrumentos da administração municipal. Publica diversos artigos na revista *Der Städtebau*. Contribui na redação dos estatutos quando da criação das Associações (*Vereine*) de Arquitetos e Engenheiros de Berlim (1874) e de Mannheim (1906). Participa de diversos congressos e exposições internacionais, entre os quais o de Berlim, em 1910, no qual apresenta seus planos para as cidades de Altona e Mannheim. Sua obra fundamental, *Stadt-Erweiterungen in Technischer, Baupolizeilicher und Wirtschaftlicher Beziehung* (A expansão das cidades e sua relação com os aspectos técnicos, edilícios e econômicos) (1876), torna-se o primeiro tratado urbanístico alemão de grande difusão. Muitas das idéias expostas nesse manual vão influenciar Camillo Sitte, principalmente as considerações de ordem artística e aquelas que estabelecem os sistemas urbanos baseados em malhas viárias distintas: ortogonal, radial e triangular.

Samuel Augusto das Neves (1863-1937) formou-se em engenharia agronômica pela Imperial Escola Agrícola da Bahia em 1882. No fim do século, abre um escritório de arquitetura e construções com o engenheiro Carlos Escobar, após uma fase inicial em que realizara trabalhos de agrimensura para diversos cafeicultores no interior do estado de São Paulo. Esses cafeicultores tornar-se-iam posteriormente seus futuros clientes em obras que realizaria na capital. No ano de 1910, vence o concurso para a construção da penitenciária da capital. Embora essa obra não tenha sido construída, a vitória no concurso lhe possibilita um convite por parte do secretário da Agricultura, Pádua Sales, para executar um plano de remodelação para a área central da cidade de São Paulo. O projeto da Secretaria, intitulado "Melhoramentos da Capital", compete com o da Prefeitura Municipal e cria uma polêmica que só vai ser resolvida, meses mais tarde, com a vinda do arquiteto francês Joseph-Antoine Bouvard. A proposta de Bouvard acaba por incorporar alguns pontos do plano de Samuel das Neves. A partir de então, o escritório de Neves (a sociedade de Samuel era com seu filho, o arquiteto Christiano Stockler das Neves) vai realizar inúmeros projetos de edifícios na área próxima ao Vale do Anhangabaú remodelado. A maioria dessas obras situar-se-á na rua Líbero Badaró, onde merecem destaque os dois palacetes do conde de Prates, o Edifício Sampaio Moreira (onde funcionou seu escritório) e o Edifício Riachuelo. Entre 1910 e 1925, realizaria 25 prédios nessa rua. O escritório de Neves notabilizou-se por ser o pioneiro na adoção de novas estruturas construtivas. Para tanto, contava com o auxílio de alguns calculistas alemães radicados em São Paulo, que realizaram as primeiras obras em estrutura metálica e em concreto armado na cidade. Esse fato permitiu a consecução de obras de grande impacto simbólico na São Paulo dos anos 1910 e 1920 não só por seu caráter imponente, como principalmente pela altura atingida pela edificação. Além dos palacetes Prates, com estrutura metálica importada da Inglaterra – um dos marcos na paisagem do Anhangabaú durante mais de cinqüenta anos –, o escritório seria o responsável pela construção do primeiro arranha-céu da cidade, o Edifício Sampaio Moreira. Esse prédio foi erigido em 1924, com treze andares mais porão e ático, e, pela sua altura, ficou conhecido como o "avô dos arranha-céus" de São Paulo.[2]

Vítor da Silva Freire Júnior (1869-1951) nasceu em Lisboa, Portugal, filho de Vítor da Silva Freire (soteropolitano) e de Leopoldina Coimbra Freire (carioca). Cursou a Escola Politécnica de Lisboa entre 1885 e 1888 e a École de Ponts et Chausseés de Paris entre 1889 e 1891. Logo a seguir trabalha

---

[2] Ver "Ramos de Azevedo e a 'Revolução' de 1910", em *Habite-se*, nº 15, São Paulo, s/d.

por dois anos em Liège, inicialmente como engenheiro nas oficinas mecânicas de Charles Beer, e depois na Societé Internationale des Travaux Publics. Como engenheiro dessa Sociedade, é designado para trabalhos na Espanha, onde passa a montar pontes na província de Almería. Retorna a Portugal e, em 1895, muda-se para o Brasil, vindo trabalhar na Superintendência de Obras Públicas, sob a direção do engenheiro Rebouças, e a seguir como chefe do 3º Distrito no serviço de abastecimento de águas e esgotos das cidades do interior. No governo de Campos Sales, dirigiu um dos distritos da Comissão de Saneamento do Estado, o distrito de Santos (anos de 1897 e 1898). Em fins de 1897 passa a lecionar na Escola Politécnica de São Paulo, inicialmente como professor substituto e mais tarde chegando a lente catedrático. Nos quase quarenta anos que permanece nessa Escola, ministra disciplinas vinculadas aos cursos de engenheiros civis, de engenheiros-arquitetos e de engenheiros industriais, como estabilidade das construções, tecnologia do construtor mecânico, mecânica industrial, motores hidráulicos e fábricas e tecnologia civil e mecânica/materiais de construção. Suas aulas eram bastante freqüentadas, e tinha entre seus alunos o apelido de "Biva", devido à imensa barba que utilizava. No período de 1932 e 1933, foi o diretor da Escola. Concomitantemente a essa atividade acadêmica, Freire exerce a função de diretor da Diretoria de Obras Municipais de São Paulo, durante um longo período de 26 anos. A partir de 1899, quando é convidado pelo prefeito Antônio Prado para ocupar esse posto, passará a desempenhar um papel fundamental na consolidação do urbanismo paulistano. Seu conhecimento científico, aliado à prática profissional intensa e às constantes viagens à Europa para participar de congressos internacionais, deu-lhe condições de ser o pioneiro nesse traslado da experiência urbanística internacional para a realidade de São Paulo. Freire foi, sem dúvida, o brasileiro que mais esteve presente nesses eventos internacionais anteriores à Primeira Guerra Mundial, num momento em que a influência germânica era predominante nesse cenário urbanístico. Em 1900, em visita à Alemanha (Nuremberg) e França, esteve provavelmente presente à Exposição Universal de Paris e ao 2º Congresso de Arte Pública que aí se realizava. Participou em 1910 do Congresso Internacional promovido pelo Royal Institute of British Architects (Riba) em Londres; em 1911, da Exposição Internacional de Higiene da Habitação, em Dresden (Alemanha). Em 1913, quando faz uma verdadeira turnê pela Europa (ficando licenciado durante nove meses da Politécnica), participa dos seguintes eventos: 1º Congresso Internacional e Exposição Comparada de Cidades, realizado em Gand (Bélgica); 4º Congresso Internacional de Saneamento e Salubridade da Habitação, na Autuérpia (Bélgica); 10º Congresso Internacional de Habitações Econômicas, em Berlim; e do 3º Congresso Internacional de Estradas, em Londres. E, além destes, toma parte de inúmeros outros eventos no período posterior a 1916. Profissional de grande erudição, Freire foi sempre um técnico muito respeitado em seu meio e na academia. Publicou mais de cinqüenta estudos versando sobre as mais distintas áreas de conhecimento. Além da matéria urbanística, redigiu inúmeros artigos sobre tecnologia, política econômica, ensino de engenharia e regulamentação da profissão. Para a cidade de São Paulo, realizou o primeiro plano de melhoramentos para a área central (1907-1911). Foi o responsável pela elaboração das primeiras leis e estudos sobre insolação, edificação, calçamentos, transportes, concorrências públicas, etc. São relevantes nesse aspecto o Ato nº 900, de 1916, sobre insolação e salubridade das edificações, e o 1º Código de Obras da cidade, elaborado em colaboração com Heribaldo Siciliano (Lei nº 2.332, de 9-11-1920). Em 1911, por ocasião da discussão sobre a remodelação da área central da cidade, foi o responsável pela vinda do arquiteto francês Joseph-Antoine Bouvard a São Paulo. Vítor Freire participaria, também com Bouvard, Cincinato Braga e outros investidores, da criação da Companhia City de São Paulo, numa operação imobiliária que se tornaria o maior empreendimento fundiário já realizado nessa cidade. Após sua saída da prefeitura (1925), passa a ocupar diversos cargos de direção em empresas e associações: foi presidente da Companhia de Pavimentação e Obras (1928-1932), da Companhia Anglo-Brasileira de Juta, da Companhia Brasil de Seguros Gerais, da Companhia Brasil de Imóveis e Construções, do Curtume Franco-Brasileiro, da Companhia City, da Sociedade Civil Liceu Franco-Brasileiro e da Associação Mútua de Beneficência dos Engenheiros. Foi também membro consultivo da Companhia City, membro titular do Instituto de Engenharia, sócio do Club de Engenharia do Rio de Janeiro e da Associação dos Engenheiros Civis Portugueses, membro correspondente da Société des Ingénieurs Civils de France, membro do conselho diretor da Union Internationale des Villes, membro do Institute of Civil Engineers de Nova York, membro do Museo Social Argentino, delegado da American Society of Municipal Improvements, membro honorário do Rotary Club de São Paulo, oficial da Legião de Honra da França e da Ordem de Jorge I da Grécia. Freire foi casado com a senhora Francisca Rizzo Freire, de origem italiana, que veio a falecer em São Paulo, em 13-8-1966.

Obras de Vítor da Silva Freire

1900   "Da utilidade das escolas técnicas". Em *Anuário da Escola Politécnica*, São Paulo, pp. 301-314.

"Escola Politécnica de São Paulo". Em *Anuário da Escola Politécnica*, São Paulo, pp. 422-427.

1901   *A bibliografia universal e a classificação decimal*. Subsídio para a participação do Brasil na Organização Internacional da Bibliografia Científica. São Paulo: Tip. Brasil de Carlos Franz. 37 p.

1902 "Dados práticos sobre a construção das calçadas empedradas (macadame) na cidade de São Paulo". Em *Anuário da Escola Politécnica*, São Paulo, pp. 159-161.

1904 *O valor de uma força hidráulica*. Estudo comparativo de várias soluções propostas a um problema de interesse industrial. São Paulo: Duprat. 124 p.

1907 "Madeiras e seus ensaios". Em *Revista Politécnica*, nº 16, São Paulo, julho, pp. 245-266.

Ensino técnico: dados práticos recentes. São Paulo: Tip. Brasil de Rothschild & Cia. 117 p.

1910 *Melhoramentos do Centro da cidade de São Paulo*. Projeto apresentado pela Prefeitura Municipal. São Paulo: Tip. Brasil de Rothschild & Cia. 19 p.

1911 "Melhoramentos da cidade". Em *Relatório apresentado pelo prefeito Raimundo Duprat à Câmara Municipal*. São Paulo: Vanorden. pp. 5-21.

"Melhoramentos de São Paulo". Em *Revista Politécnica*, vol. 6, nº 33, São Paulo, fev.-mar., pp. 91-145.

1914 "A cidade salubre". Em *Revista Politécnica*, vol. 8, nº 48, São Paulo, out.-nov., pp. 320-354.

1915 "A capital paulista: presente e futuro. A ação oficial, a ação particular". Em *Almanaque O Estado de São Paulo*, São Paulo, pp. 175-195.

1916 "A planta de Belo Horizonte (A propósito da cidade salubre)". Em *Revista Politécnica*, vol. 52, nº 52, São Paulo, janeiro, pp. 159-174.

"Fatos e idéias". Em *Revista do Brasil*, vol. 1, nº 1, São Paulo, janeiro, pp. 53-63.

"Fatos e idéias: 1815-1915". Em *Revista do Brasil*, vol. 1, nº 3, São Paulo, março, pp. 301-323.

"Fatos e idéias: imprevidência e paradoxo". Em *Revista do Brasil*, vol. 1, nº 4, São Paulo, abril, pp. 422-441.

"O problema municipal", em *Revista do Brasil*, vol. 3, nº 9, São Paulo, setembro, pp. 74-92.

"Prefácio". Em ALBUQUERQUE, Alexandre. *Insolação*. São Paulo: O Estado de S. Paulo.

1917 *Higiene da residência urbana*. Memória apresentada ao Primeiro Congresso Médico Paulista. São Paulo: O Estado de S. Paulo.

"Relatório da Diretoria de Obras e Viação: 1916". Em *Relatório apresentado pelo prefeito Washington Luís Pereira de Sousa à Câmara Municipal*. São Paulo: Vanorden. pp. 38-46.

"A orientação do engenheiro nacional". Em *Boletim do Instituto de Engenharia*, vol. 1, nº 1, São Paulo, outubro, pp. 3-69.

1918 "Códigos sanitários e posturas municipais sobre habitações: um capítulo de urbanismo e de economia nacional". Em *Boletim do Instituto de Engenharia*, vol. 1, nº 3, São Paulo, fevereiro, pp. 229-427.

"A guerra e a produção nacional". Em *Revista do Brasil*, vol. 7, nº 28, São Paulo, abril, pp. 317-327.

"Economia a realizar". Em *Boletim do Instituto de Engenharia*, vol. 2, nº 4, São Paulo, maio, pp. 46-57.

"O café durante e depois da guerra: reflexões de um desorientado". Em *Revista do Brasil*, vol. 8, nº 30, São Paulo, maio, pp. 9-19.

"Os adversários naturais, transitórios e sistemáticos do café: reflexões de um desorientado". Em *Revista do Brasil*, vol. 8, nº 30, São Paulo, junho, pp. 105-115.

"Guerra e alimentação nacional: reflexões de um desorientado". Em *Revista do Brasil*, vol. 8, nº 31, São Paulo, julho, pp. 259-285.

1919 "Projeto de regulamento para as construções particulares apresentadas à Câmara Municipal de São Paulo". Em *Boletim do Instituto de Engenharia*, vol. 2, nº 5, São Paulo, janeiro, pp. 119-246.

"O futuro regime das concessões municipais na cidade de São Paulo", em *Revista Politécnica*, nº 60, São Paulo, outubro, pp. 259-334.

O cabloco, o saneamento e os impostos. São Paulo: Seção de Obras d'O Estado de S. Paulo, 1919. 80 p.

1921 "Relatório da Diretoria de Obras e Viação: 1920". Em *Relatório apresentado pelo prefeito Firmiano de Morais Pinto à Câmara Municipal*. São Paulo: Vanorden. pp. 241-266.

"Calçamentos aperfeiçoados". Em *Boletim do Instituto de Engenharia*, vol. 4, nº 14, São Paulo, janeiro, pp. 61-70.

"Nota apresentada à Comissão de Tecnologia Industrial a respeito da carestia do gás em São Paulo", em *Boletim do Instituto de Engenharia*, vol. 3, nº 11, São Paulo, maio, pp. 267-290.

1922 "Relatório da Diretoria de Obras e Viação: 1921". Em *Relatório apresentado pelo prefeito Firmiano de Morais Pinto à Câmara Municipal*. São Paulo: Vanorden. pp. 216-250.

"O Paço Municipal". Em *Boletim do Instituto de Engenharia*, vol. 4, nº 17, São Paulo, julho, pp. 134-140.

1923 *Preliminares sobre um plano metódico de calçamento para a cidade de São Paulo*. São Paulo: Vanorden. 32 p.

"A canalização do rio Tietê no território da capital e municípios adjacentes". Em *Boletim do Instituto de Engenharia*, vol. 4, nº 19, São Paulo, janeiro, pp. 181-197.

"A expansão da capital paulista e o seu programa de urbanização". Em *Revista Brasileira de Engenharia*, vol. 6, nº 4, Rio de Janeiro, outubro, pp. 142-148.

1924 "Senhor Prefeito". Em *Relatório apresentado pelo prefeito Firmiano de Morais Pinto em 1923 à Câmara Municipal*. São Paulo: Vanorden. pp. 185-191.

"A tecnologia geral no século XX". Em *Revista Politécnica*, vol. 7, nº 77, São Paulo, out.-nov., pp. 369-386.

1925 "Relatório da Diretoria de Obras e Viação". Em *Relatório do prefeito Firmiano de Morais Pinto apresentado em 1924 à Câmara Municipal*. São Paulo: Vanorden. pp. 179-251.

1926 "Especificações sobre areia para argamassas e concretos". Em *Revista Politécnica*, nº 80, São Paulo, maio, pp. 9-56.

1927 "A reforma do contrato de viação no município de São Paulo". Em *Boletim do Instituto de Engenharia*, nº 34, São Paulo, outubro, pp. 3-38.

1930 "O problema universitário". Em *Anais da 3ª Conferência Nacional de Educação*, São Paulo, pp. 839-859 e 869.

Correspondência ao vice-diretor da Escola Politécnica. São Paulo: Arquivo Epusp, 17 de novembro.

1931 *Engenharia e seu ensino superior.* Relatório preliminar apresentado à Comissão de Ensino Superior e Universitário da Sociedade Paulista de Educação. São Paulo: Irmãos Ferraz. 172 p.

"O problema universitário por dentro". Em *A Academia*. São Paulo, pp. 41-48.

1932 Cadeira nº 10. Tecnologia Civil: Fundação. Tecnologia Mecânica. São Paulo: Arquivo Epusp.

1933 "Depoimento". Em BARRETO, Plínio. *Uma temerária aventura forense*. São Paulo: Revista dos Tribunais. pp. 23-25.

1935 *Instrução e cultura. Espírito científico. Ensino secundário.* (Palestras proferidas no Rotary Club de Poços de Caldas). São Paulo, Escola Politécnica (Pasta de Professor), 12 p.

1936 *A regulamentação das profissões de engenheiro, de arquiteto e de agrimensor.* Análise do decreto que a instituiu. São Paulo: Escolas Profissionais Salesianas. 129 p.

1938 *Correspondência a Henrique Jorge Guedes, diretor da Escola Politécnica.* São Paulo: Arquivo Epusp, 23 de agosto.

1940 "Antônio Prado, prefeito de São Paulo (1899-1910)". Em *1º centenário do conselheiro Antônio da Silva Prado*. São Paulo: Revista dos Tribunais, 1946. pp. 113-130.

O ensino superior de engenharia e a formação de técnicos universitários para a indústria nacional. São Paulo: Revista dos Tribunais. p. 93.

"Coisas da profissão (1880-1940)". Em *Revista do Clube de Engenharia*, nº 70, Rio de Janeiro, nov.-dez., pp. 50-59.

1942 "Urbanismo". Em *Engenharia*, São Paulo, novembro, pp. 76-80.

1948 *As conclusões do Segundo Congresso dos Estabelecimentos Particulares de Ensino (Belo Horizonte, 1946) e as exigências da democracia.* São Paulo, s/ed. 31 p.

1950 "Ramos de Azevedo e o ensino secundário". Em *Engenharia*, nº 3, São Paulo, novembro, pp. 76-80.

Bibliografia

ALBUQUERQUE, Alexandre. *As novas avenidas de São Paulo*. São Paulo: Vanorden, 1910.

_____. "Insolação". Em *Boletim do Instituto de Engenharia*, vol. 2, nº 7, São Paulo, 1916.

ALMANAQUE BRASILEIRO GARNIER. "Cidade de São Paulo". Em *Almanaque Brasileiro Garnier*. Rio de Janeiro, 1914.

ALMEIDA JR., João Mendes. *Monografia do município da cidade de São Paulo*. Estudo administrativo. São Paulo: Tip. Jorge Seckler, 1882.

AMARAL, Antônio Barreto do. *História dos velhos teatros de São Paulo*. Vol. XV da Col. Paulística. São Paulo: Governo do Estado, 1979.

AMERICANO, Jorge. *São Paulo naquele tempo: 1895-1915*. São Paulo: Saraiva, 1957.

ANDRADE, Carlos Roberto Monteiro de. "O plano de Saturnino de Brito para Santos e a construção da cidade moderna no Brasil". Em *Espaço & Debates*, nº 34, São Paulo, 1991.

ANDRADE, Francisco de Paula Dias de. *Subsídios para o estudo da influência da legislação na ordenação e na arquitetura das cidades brasileiras*. Tese de doutorado. São Paulo: Poli-USP, 1966.

ANDRADE FILHO, Rogério Cezar de. *O crescimento de São Paulo e sua administração*. São Paulo: Cogep, 1980.

ARANTES, Otília. "Um esteta contra a agorafobia". Em *Folha de S.Paulo*, São Paulo, 4-4-1993.

ARCHITECTURAL ABERRATIONS. Em *The Architectural Record*, vol. 7, nº 2, Nova York, 1897.

ARROYO, Leonardo. *Igrejas de São Paulo: introdução ao estudo dos templos mais característicos de São Paulo nas suas relações com a crônica da cidade*. São Paulo: Nacional, 1966.

AVÉ-LALLEMANT, Robert. *Viagens pelas províncias de Santa Catarina, Paraná e São Paulo: 1858*. Vol. 18 da Col. Reconquista do Brasil. Belo Horizonte/São Paulo: Itatiaia/Edusp, 1980.

AYMONINO, Carlo. *O significado das cidades*. Lisboa: Presença, 1984.

AZEVEDO, Francisco de Paula Ramos de. *Álbum de construções*. São Paulo: s/ed., s.d.

AZEVEDO FILHO, Rocha. *Um pioneiro em São Paulo*. São Paulo: Revista dos Tribunais, 1954.

BARDET, Gaston. *Problèmes d'urbanisme*. Paris: Dunod, 1941.

BAUMEISTER, Reinhard. *Stadt-Erweiterungen in technischer, baupolizeilischer und wirtschaftlischer Beziehung*. Berlim: Ernst & Korn, 1876.

BRITO, Francisco Rodrigues Saturnino de. *A planta de Santos*. São Paulo: Tip. Brasil de Rothschild & Cia., 1915.

_____. "Nota sobre o traçado das ruas". Em *Boletim do Instituto de Engenharia*, vol. 3, nº 10, São Paulo, agosto de 1920.

CALABI, Donatella (org.). *Il male città: diagnosi e terapia*. Roma: Officina Edizione, 1979.

CAMARGO, Mônica Junqueira & MENDES, Ricardo. *Fotografia: cultura e fotografia paulista no século XX*. São Paulo: Secretaria Municipal de Cultura, 1992.

CANNABRAVA, Alice Piffer. "As chácaras paulistanas". Em *Anais da Associação dos Geógrafos Brasileiros*, vol. 4 (1949-1950), São Paulo, 1953.

COMISSÃO GEOGRÁFICA E GEOLÓGICA. *Planta geral da cidade de São Paulo*. São Paulo: s/ed., 1914.

COMISSARIADO GERAL DO ESTADO. *Vistas de São Paulo*. São Paulo: s/ed., 1911.

COSTA, Nilson do Rosário. "A questão sanitária e a cidade". Em *Espaço & Debates*, vol. 3, nº 22, São Paulo, 1987.

D'ATRI, Alessandro. *L'état de S. Paulo et le renouvellement économique de l'Europe*. Paris: Allard, 1926.

ELETRICIDADE DE SÃO PAULO S. A. *São Paulo. Registros: 1899-1940*. São Paulo: Eletropaulo, 1992.

ELETROPAULO & SECRETARIA MUNICIPAL DA CULTURA. *Evolução urbana da cidade de São Paulo. Estruturação de uma cidade industrial: 1872-1945*. Vol. 1 da Série Bibliografia. São Paulo: Eletropaulo, 1990.

ESTELLITA, José. "Cidades sem planta". Em *Boletim de Engenharia*, vol. 2, nº 10, Recife, agosto de 1927.

ETZEL, Eduardo. "O verde na cidade de São Paulo". Em *Revista do Arquivo Municipal*, nº 195, jun.-dez. de 1982.

FABRIS, Annateresa (org.). *Ecletismo na arquitetura brasileira*. São Paulo: Nobel, 1987.

FEHL, Gerhard & RODRIGUEZ-LORES, Juan (orgs.). *Stadterweiterungen 1800-1875 (Von den Anfangen des modernen Städtebaues in Deutschland)*. Hamburgo: Hans Christians Verlag, 1983.

_____. *Städtebaureform 1865-1900 (Von Licht, Luft und Ordnung in der Stadt der Gründerzeit)*. Hamburgo: Hans Christians Verlag, 1985.

FERREIRA, Miguel Ângelo Barros. *O nobre e antigo bairro da Sé*. Vol. 10 da Série História dos Bairros de São Paulo. São Paulo: Secretaria de Educação e Cultura, 1971.

FICHER, Sylvia. (1989) *Ensino e profissão: o curso de engenheiro-arquiteto da Escola Politécnica de São Paulo*. Tese de doutoramento. São Paulo: FFLCH-USP, 1989.

FORREST, Archibald. *A Tour Through South America*. Londres: Stanley Paul & Co., 1913.

FREIRE JR., Vítor da Silva. "Melhoramentos da cidade". Em *Relatório apresentado pelo prefeito Raimundo Duprat à Câmara Municipal*. São Paulo: Vanorden, 1911.

_____. "A cidade salubre". Em *Revista Politécnica*, vol. 8, nº 48, São Paulo, out.-nov. de 1914.

_____. "A capital paulista: presente e futuro. A ação oficial, a ação particular". Em *Almanaque O Estado de S. Paulo*, São Paulo, 1915.

_____. "A planta de Belo Horizonte: a propósito da cidade salubre". Em *Revista Politécnica*, vol. 9, nº 52, São Paulo, janeiro de 1916.

_____. *Higiene da residência urbana*. Memória apresentada ao Primeiro Congresso Médico Paulista. São Paulo: O Estado de S. Paulo, 1917.

_____. "Relatório da Diretoria de Obras e Viação: 1920". Em *Relatório apresentado pelo prefeito Firmiano de Morais Pinto à Câmara Municipal*. São Paulo: Vanorden, 1921.

_____. "Relatório da Diretoria de Obras e Viação: 1921". Em *Relatório apresentado pelo prefeito Firmiano de Morais Pinto à Câmara Municipal*. São Paulo: Vanorden, 1922.

_____. "O Paço Municipal". Em *Boletim do Instituto de Engenharia*, vol. 4, nº 17, São Paulo, julho de 1922.

_____. "Senhor Prefeito". Em *Relatório do prefeito Firmiano de Morais Pinto apresentado em 1923 à Câmara Municipal*. São Paulo: s/ed., 1924.

_____. "Relatório da Diretoria de Obras e Viação: 1924". Em *Relatório apresentado pelo prefeito Firmiano de Morais Pinto à Câmara Municipal*. São Paulo: s/ed., 1925.

_____. "Antônio Prado, prefeito de São Paulo: 1899-1910". Em *1º Centenário do Conselheiro Antônio da Silva Prado*. São Paulo: Revista dos Tribunais, 1940.

_____. "Coisas da profissão: 1880-1940". Em *Revista do Clube de Engenharia*, nº 70, Rio de Janeiro, nov.-dez. de 1940.

_____. "Urbanismo". Em *Engenharia*, São Paulo, novembro de 1942.

FREITAS, Afonso A. de. *Tradições e reminiscências paulistanas*. São Paulo: Edusp, 1985.

GASPAR, Byron. *Fontes e chafarizes de São Paulo*. Vol. 7 da Col. História. São Paulo: Conselho Estadual de Cultura, 1967.

GEDDES, Patrick. *Cities in Evolution: an Introduction to the Town-Planning Movement and to the Study of Civics*. Londres: Williams and Norgate, 1949.

GODOY, Joaquim Floriano de. *A província de São Paulo*. Vol. 12 da Col. Paulística. São Paulo: Governo do Estado de São Paulo, 1978.

GROSTEIN, Marta Dora. *A cidade clandestina: os ritos e os mitos. O papel da "irregularidade" na estruturação do espaço urbano no município de São Paulo (1900-1987)*. Tese de doutorado. São Paulo: FAU-USP, 1987.

GUIMARÃES, Laís de Barros Monteiro. *Luz*. Série História dos Bairros de São Paulo. São Paulo: Secretaria Municipal de Cultura, 1977.

GUNN, Philip. *Garden Cities & the Fabian Road to Urban Reform*. Apostila. São Paulo: FAU-USP, 1994.

GURLITT, Cornelius. *Handbuch des Städtebaues*. Berlim: Der Zirkel, Architekturverlag, 1920.

HARDOY, Jorge Enrique. "Teorías y prácticas urbanísticas en Europa entre 1850 y 1930. Su traslado a América Latina". Em HARDOY, Jorge E. & MORSE, Richard. *Repensando la ciudad de América Latina*. Buenos Aires: Grupo Editor Latinoamericano, 1988.

HEGEMANN, Werner. *Der Städtebau nach den ergebnissen der Allgemeinen Städtebau-ausstellung in Berlin nebst einem Anhang: die Internationale Städtebau-ausstellung in Düsseldorf.* Berlim: Ernst Wasmuth, 1911.

HÉNARD, Eugène. *La costruzione della metropoli.* Ed. de D. Calabi e M. Folin. Pádua: Marsilio Editore, 1974.

HOFFER, Karl Heinz, *Reinhard Baumeister: 1833-1917. Begründer der Wissenchaft vom Städtebau.* Karlsruhe: Universität Karlsruhe, 1977.

HOMEM, Maria Cecília Naclério. *O Prédio Martinelli: ascensão do imigrante e a verticalização de São Paulo.* São Paulo: Projeto, 1984.

_____. *O palacete paulistano: o processo civilizador e a morada da elite do café (1864-1914/18).* Tese de doutorado. São Paulo: FAU-USP, 1992.

HOWARD, Ebenezer. *Garden Cities of Tomorrow.* Londres: s/ed., 1902.

HUGHES, T. A. *Town and Town-Planning: Ancient & Modern.* Oxford: s/ed., 1923.

INSTITUTO DE ENGENHARIA. "Projeto de regulamento para as construções particulares apresentado à Câmara Municipal de São Paulo". Em *Boletim do Instituto de Engenharia*, vol. 2, nº 5, São Paulo, janeiro de 1919.

KESSEL, Moysés Isaac. *Crescimento urbano e reforma urbana: o caso do Rio de Janeiro no período 1870-1920.* Dissertação de mestrado. São Paulo: PUC-SP, 1983.

KIDDER, Daniel P. *Reminiscências de viagens e permanências nas províncias do Sul do Brasil (c. 1840).* São Paulo: Edusp, 1980.

KOENIGSWALD, Gustavo. *São Paulo.* São Paulo: Als Manuscript Gedruckt, 1894.

KOSERITZ, Carl von. *Imagens do Brasil.* Belo Horizonte/São Paulo: Itatiaia/Edusp, 1980.

KOSSOY, Boris. *Militão Augusto de Azevedo e a documentação fotográfica de São Paulo: 1862-1887. Recuperação da cena paulistana através da fotografia.* São Paulo: Fesp, 1978.

LEFEVRE, Henrique Neves. *Influência da legislação urbanística sobre a estruturação das cidades: aplicação especial no caso da cidade de São Paulo.* Tese. São Paulo: Mackenzie, 1951.

LEFÈVRE, José Eduardo de Assis. *O transporte coletivo como agente transformador da estruturação do centro da cidade de São Paulo.* Dissertação de mestrado. São Paulo: FAU-USP, 1985.

LEME, Maria Cristina da Silva. *Revisão do Plano de Avenidas*. Tese de doutorado. São Paulo: FAU-USP, 1990.

LEME, Marisa Saens. *Aspectos da evolução urbana de São Paulo na 1ª República*. Tese de doutorado. São Paulo: FFLCH-USP, 1984.

LEMOS, Carlos Alberto Cerqueira. *Cozinhas, etc.* São Paulo: Perspectiva, 1978.

_____. *Ramos de Azevedo e seu escritório*. São Paulo: Pini, 1993.

LESSA, Orígenes. *São Paulo de 1868: retrato de uma cidade através de anúncios de jornal*. Rio de Janeiro: São José, 1963.

LIMA, Ranulfo Pinheiro. "O problema do ar e da ventilação". Em *Boletim do Instituto de Engenharia*, vol. 2, nº 5, São Paulo, 1918.

LOUREIRO, Maria Amélia Salgado. *A evolução da casa paulistana e a arquitetura de Ramos de Azevedo*. São Paulo: Voz do Oeste/CEC, 1981.

LUNÉ, Antonio José Batista de & FONSECA, Paulo Delfino da. *Almanaque da província de São Paulo para 1873*. São Paulo: Imesp, 1985.

MACEDO, Silvio Soares. *Higienópolis e arredores: processo de mutação da paisagem urbana*. São Paulo: Edusp/Pini, 1987.

MAGNE, Émile. *L'esthétique des villes*. Paris: Mercure de France, 1908.

MAGNY, Charles. *La beauté de Paris: conservation des aspects esthétiques*. Paris: Librairie Bernard Tignol, 1911.

MAIA, Francisco Prestes. *Estudo de um plano de avenidas para a cidade de São Paulo*. São Paulo: Melhoramentos, 1930.

_____. "Quo vadis, São Paulo". Em *Diário de São Paulo*, número especial, São Paulo, 1959.

MAIA, Francisco Prestes & CINTRA, João Florence de Ulhoa. "Os grandes melhoramentos de São Paulo: 1924/1926". Em *Boletim do Instituto de Engenharia*, nº 26-27, outubro de 1924/março de 1925; nº 28, mar.-jun. de 1925; nº 29, jul.-out. de 1925; nº 31, mar.-jun. de 1926, São Paulo.

MAPA DO CENTRO DA CIDADE. São Paulo: Weisflog Irmãos, 1910.

MARQUES, Abílio. *Indicador de São Paulo: administrativo, jurídico, industrial, profissional e comercial para o ano de 1878*. São Paulo: Jorge Seckler, 1878.

MARTIN, Jules *et al*. *A capital paulista*. São Paulo: s/ed., 1905.

MARX, Murilo. *Cidade brasileira*. São Paulo: Edusp, 1980.

MELO, Luís Inácio Romeiro de Anhaia. "Ensaio de estética sociológica". Em *Revista Politécnica*, nº 82, São Paulo, setembro de 1926.

_____. "Introdução ao estado da estética". Em *Revista Politécnica*, nº 83, São Paulo, junho de 1926.

_____. "Um grande urbanista francês: Donat Alfred Agache". Em *Revista Politécnica*, nº 85-86, São Paulo, maio-jun. de 1928.

_____. "A verdadeira finalidade do urbanismo". Em *Boletim do Instituto de Engenharia*, nº 51, São Paulo, agosto de 1929.

_____. "O governo das cidades". Em *Boletim do Instituto de Engenharia*, nº 44, São Paulo, janeiro de 1929.

_____. "Urbanismo: regulamentação e expropriação". Em *Boletim do Instituto de Engenharia*, nº 45, São Paulo, fevereiro de 1929.

_____. "Programa da cadeira nº 18: estética, composicão geral e urbanismo (outubro de 1928)". Em *Anuário da Escola Politécnica*, São Paulo, 1932.

_____. "Urbanismo e suas normas para organização dos planos". Em *Boletim do Instituto de Engenharia*, nº 89, abril de 1933.

MEYER, Regina Maria Prosperi. "Urbanismo à procura do espaço perdido". Em *Revista USP*, nº 5, São Paulo, mar.-abr. de 1990.

_____. *Metrópole e urbanismo. São Paulo: anos 50*. Tese de doutorado. São Paulo: FAU-USP, 1991.

_____. "Transformações no Centro de São Paulo". Em *Brasil 90: desafios e perspectivas*. São Paulo: Secretaria do Estado da Cultura, 1991.

_____. "Dinâmica de transformação da área central de São Paulo". Em *Documentos*. São Paulo: Associação Viva o Centro, 1992.

MEYER-HEINE, G. *Urbanisme et esthétique*. Paris: Vincent, Fréal & Cie., 1937.

MONBEIG, Pierre. "Aspectos geográficos do crescimento de São Paulo". Em *Anhambi*. São Paulo: Ensaios Paulistas, 1958.

MONTEIRO, Zenon Fleury. *Reconstituição do caminho do carro para Santo Amaro*. São Paulo: PMSP, 1943.

NOVAES, José de Campos. "A metropolitana paulista". Em *Revista do Centro de Ciências, Letras e Artes*, nº 8-9, Campinas, 1905.

OTTONI, Dácio Araújo Benedito. *São Paulo/Rio de Janeiro: séculos XIX-XX. Aspectos da formação de seus espaços centrais*. Tese de doutoramento. São Paulo: FAU-USP, 1972.

PAMPLONA, Rubens. *Legislação sobre edificações residenciais no município de São Paulo: 1875-1982*. Apostila. São Paulo: Cogep, 1982.

PANERAI, Philippe *et al*. *Formas urbanas: de la manzana al bloque*. Barcelona: Gustavo Gili, 1986.

PASSAGLIA, Luis Alberto do Prado. *O italianizante: a arquitetura no período de 1880 a 1914 na cidade de São Paulo*. Dissertação de mestrado. São Paulo: FAU-USP, 1984.

PAULA, Eurípedes Simões de. "A segunda fundação de São Paulo". Em *Revista de História*, vol. 17, São Paulo, 1954.

PEETS, Elbert & HEGEMANN, Werner. *Civic Art*. Nova York: Princeton Architectural, 1988.

PESTANA, Paulo Rangel. *L'état de São Paulo. Brésil: renseignements utiles*. São Paulo: Service de Publicité du Secretariat d'Agriculture, 1927.

PICCINATO, Giorgio. *La costruzione dell'urbanistica Germania 1871-1914*. Roma: Officina Edizione, 1974.

PINTO, Adolfo Augusto. *História da viação pública de São Paulo*. São Paulo: Vanorden, 1903.

_____. *A transformação e o embelezamento de São Paulo*. São Paulo: Cardoso Filho, 1912.

_____. *Homenagens*. São Paulo: Vanorden, 1929.

PINTO, Alfredo Moreira. *São Paulo em 1899*. São Paulo: Francisco Alves, 1899.

PORCHAT, Milcíades de Luné. *Do que precisa São Paulo: um punhado de idéias sobre a cidade*. São Paulo: Duprat, 1920.

PRADO, João Fernando de Almeida. *Jean-Baptiste Debret*. Vol. 352 da Col. Brasiliana. São Paulo: Nacional/Edusp, 1973.

PRADO JR., Caio. "Nova contribuição para o estudo geográfico da cidade de São Paulo". Em *Estudos Brasileiros*, vol. 7, ano 3, São Paulo, 1941.

PREFEITURA MUNICIPAL DE SÃO PAULO. *São Paulo antigo: plantas da cidade*. São Paulo: Comissão do IV Centenário, 1954 (vários volumes):

"Planta da cidade de São Paulo" levantada pelo capitão de engenheiros Rueino José Felizardo e Costa, 1810.

"Planta da cidade de São Paulo", por C. A. Bresser, 1841.

"Planta geral da capital de São Paulo" organizada sob a direção do doutor Gomes Cardim, intendente de obras, 1897.

_____. *Os melhoramentos da capital (1911-1913)*. São Paulo: s/ed., 1914.

_____. *Estudo dos melhoramentos em São Paulo*. São Paulo: Duprat, 1924.

_____. *Mapa topográfico do município*. São Paulo: s/ed., 1930, fl. 51.

_____. *Museu Histórico da Imagem Fotográfica da Cidade de São Paulo*. Série Registros 3. São Paulo: Departamento do Patrimônio Histórico, 1977.

QUINTO JR., Luís de Pinedo. *Revisão das origens do urbanismo moderno: a importância da experiência alemã no questionamento da historiografia do urbanismo*. Dissertação de mestrado. Brasília: UnB, 1988.

RAFFARD, Henrique. *Alguns dias na Paulicéia*. São Paulo: Academia Paulista de Letras, 1977.

RAMALHO, Maria Lúcia Pinheiro. *Da beaux-arts ao bungalow: uma amostragem da arquitetura eclética no Rio de Janeiro e em São Paulo*. Dissertação de mestrado. São Paulo: FAU-USP, 1989.

REIS FILHO, Nestor Goulart. *Quadro da arquitetura no Brasil*. São Paulo: Perspectiva, 1970.

_____. *Urbanização e teoria: contribuição ao estudo das perspectivas atuais para o conhecimento do fenômeno da urbanização*. São Paulo: s/ed., 1987.

_____. *Algumas experiências urbanísticas do início da República: 1890-1920*. São Paulo: FAU-USP, 1994.

_____. *São Paulo e outras cidades: produção social e degradação dos espaços urbanos*. São Paulo: Hucitec, 1994.

RIOS, Adolpho Morales de los. "Passos, o Haussmann brasileiro". Em *Boletim do Instituto de Engenharia*, São Paulo, out.-nov.-dez. de 1936.

ROBINSON, Charles Mulford. *The Improvement of Towns and Cities*. Nova York/Londres: Putnam's Sons, 1903.

_____. *The Widht and Arrangement of Streets*. Nova York/Londres: Putnam's Sons, 1916.

RODRIGUES, Lúcio Martins. "Uma questão de higiene: a insolação dos prédios e das ruas com aplicação à cidade de São Paulo". Em *Revista de Engenharia*, vol. 1, nº 6, São Paulo, novembro de 1911.

SAES, Flávio Azevedo Marques de. *As ferrovias de São Paulo 1870-1940*. São Paulo: Hucitec, 1981.

SAIA, Luís. *Morada paulista*. São Paulo: Perspectiva, 1972.

SAMPAIO, Maria Ruth Amaral de. *Cristiano Stockler das Neves: uma atuação polêmica*. Anais do XII Encontro Regional de História da Anpuh. São Paulo: Anpuh, 1994.

SAMPAIO, Teodoro. *São Paulo em 1860*. São Paulo: s/ed., 1922.

_____. *O tupi na geografia nacional*. São Paulo: Nacional, 1987.

SANT'ANNA, Nuto. *São Paulo histórico: aspectos, lendas e costumes*. São Paulo: Departamento de Cultura, 1937.

SCHERER, Rebeca. *Descentralização e planejamento urbano no município de São Paulo*. Tese de doutorado. São Paulo: FAU-USP, 1987.

SCHORSKE, Carl E. *Viena fin-de-siècle: política e cultura*. São Paulo: Companhia das Letras, 1988.

SCOBIE, James R. *Buenos Aires: del centro a los barrios (1870-1910)*. Buenos Aires: Solar, 1977.

SEVCENKO, Nicolau. *Orfeu extático na metrópole: São Paulo, sociedade e cultura nos frementes anos 20.* São Paulo: Companhia das Letras, 1992.

SICA, Paolo. *Storia dell'urbanística.* Bari: Laterza, 1976.

SILVA, Jacinto (org.). *Cidade de São Paulo: guia ilustrado do viajante.* Coleção dos Guias Jacintho. São Paulo: Monteiro Lobato & Cia., 1924.

SILVA, Janice Teodoro. *São Paulo: 1554-1880. Discurso ideológico e organização espacial.* São Paulo: Moderna, 1984.

SILVEIRA, J. F. Barbosa. *Ramos de Azevedo e suas atividades.* São Paulo: s/ed., 1941.

SIMÕES JR., José Geraldo. *O Departamento de Urbanismo da PMSP e a sua contribuição para o desenvolvimento do pensamento urbanístico nas décadas de 1940-1950 em São Paulo.* Trabalho de graduação interdisciplinar. São Paulo: FAU-USP, 1983.

_____. *O Setor de Obras Públicas e as origens do urbanismo em São Paulo.* Dissertação de mestrado. São Paulo: FGV, 1990.

_____. *Revitalização de centros urbanos.* São Paulo: Polis, 1994.

SOMEKH, Nádia. *A (des)verticalização de São Paulo.* Dissertação de mestrado. São Paulo: FAU-USP, 1987.

SOUZA, Eduardo Valim Pereira de. "Reminiscências acadêmicas: 1887-1891". Em *Revista do Arquivo Municipal*, vol. 43, ano IX, São Paulo, 1944.

SOUZA, Maria Cláudia Pereira de. *O capital imobiliário e a produção do espaço urbano: o caso da Companhia City.* Dissertação de mestrado. São Paulo: FGV, 1988.

SOUZA, Pedro Luís Pereira de. *Casa Barão de Iguape: recordação e revelação de São Paulo do século XIX.* São Paulo: s/ed., 1959.

STÜBBEN, Joseph. *La construction des villes: règles pratiques et esthétiques à suivre pour l'élaboration des plans des villes.* Bruxelas: Lyon-Claesen, 1895.

_____. "Der Städtebau (Entwerfen, Anlage und Einrichtung der Gebäude)". Em *Handbuch der Architektur.* Leipzig: Gebhardt, 1924.

SUTCLIFFE, Antony. *Towards the Planned City: German, Britain, the United States and France (1780-1914)*. Nova York: St. Martin Press, 1981.

TELES, Augusto Carlos da Silva. "O ensino técnico e artístico, evolução e características: séculos XVIII e XIX". Em *Arquitetura Revista*, vol. 6, Rio de Janeiro, UFRJ, 1988.

TELES, Francisco Teixeira da Silva. *Vias públicas*. São Paulo: Seção de Obras d'O Estado de S. Paulo, 1918.

TELES, Pedro da Silva. *História da engenharia no Brasil: séculos XVI a XX*. Rio de Janeiro: Livros Técnicos e Científicos, 1984.

TOWN PLANNING INSTITUTE. "Papers and Proceedings". Em *Town Planning Review*, Liverpool, 1922-1923.

UNWIN, Raymond. *Town Planning in Practice: an Introduction to the Art of Designing Cities and Suburbs*. Londres: Unwin, 1909. *L'étude pratique des plans des villes*. Paris: Librairie Centrale des Beaux Arts, 1922.

VILLAÇA, Flávio José Magalhães. *Sistematização crítica da obra escrita sobre espaço urbano*. Memorial de livre-docência. São Paulo: FAU-USP, 1989.

WALLE, Paul. *Au pays de l'or rouge: l'état de São Paulo*. Paris: Augustin Challamels, 1921.

WRIGHT, Marie Robinson. *The New Brazil*. Filadélfia: Barrie, 1901.

WUTTKE, Robert (org.). *Die deutschen Städte: geschildern nach den Ergebnissen der ersten deutschen Städteausstellung zu Dresden 1903*. Leipzig: Friedrich Brandstetter, 1903.

Legislação do município de São Paulo

1873 – Padrão de Construções

1875 – Código de Posturas (31-3-1875)

1886 – Código de Posturas e Padrão Municipal (6-10-1886)

1893 – Lei nº 38 – Aprovação de plantas para as novas edificações (24-5-1893)

1896 – Lei nº 274 – Sobre toldos comerciais (28-8-1896)

1898 – Ato nº 26 – Sobre assentamento de postes, etc. (18-10-1898)

1904 – Lei nº 722 – Sobre alinhamentos (26-3-1904)

Lei nº 761 – Sobre usos especiais no Centro Novo (20-7-1904)

1907 – Lei nº 1.011 – Sobre usos especiais no Centro Velho (6-7-1907)

1910 – Lei nº 1.331 – Sobre melhoramentos na rua Líbero Badaró (6-6-1910)

1911 – Lei nº 1.457 – Melhoramentos na rua Líbero Badaró e Vale do Anhangabaú (9-9-1911)

Lei nº 1.473 – Abertura de uma praça na entrada do Viaduto do Chá (10-12-1911)

Lei nº 1.484 – Alargamento da rua da Conceição e prolongamento da rua Dom José de Barros (24-12-1911)

1912 – Lei nº 1.580 – Proibição de reformas em prédios não conformes (22-8-1912)

Lei nº 1.585 – Dispõe sobre alinhamentos (3-9-1912)

Lei nº 1.596 – Plano de alargamento da avenida São João (27-9-1912)

1913 – Lei nº 1.666 – Sobre a abertura de ruas, avenidas ou praças (26-3-1913)

1914 – Ato nº 669 – Sobre embargos (5-3-1914)

1915 – Lei nº 1.874 – Divide o município em quatro perímetros e dá outras providências (12-5-1915)

Ato nº 769 – Regulamentação da Lei nº 1.666 (14-6-1915)

Lei nº 1.901 – Sobre a avenida São João (7-8-1915)

1916 – Ato nº 849 – Compilação das leis de edificações existentes (27-2-1916)

Ato nº 900 – Sobre insolação nas edificações (17-5-1916)

1918 – Ato nº 1.235 – Código Sanitário (11-5-1918)

1920 – Lei nº 2.332 – Padrão municipal para as construções (9-11-1920)

1923 – Lei nº 2.611 – Regulamentação da abertura de novos arruamentos (20-6-1923)

1929 – Lei nº 3.427 – Código de Obras Artur Sabóia (19-11-1929)

1934 – Ato nº 663 – Consolidação do Código Sabóia (10-8-1934)

Legislação do estado de São Paulo

1894 – Decreto nº 235 – Estabelece o Código Sanitário (2-3-1894)

1909 – Decreto nº 1.755 – Regulamentação das obras públicas (27-7-1909)

1911 – Regulamento Sanitário do Estado de São Paulo (14-11-1911)

Índice geral

1º momento (1554-1867) – A tradicional "frente" da cidade voltada para o Tamanduateí, 18

1º trecho – da rua José Bonifácio até a rua Direita, 141

1º trecho – entre a praça Antônio Prado e a rua Líbero Badaró, 150

2º momento (1867-1892) – A implantação da ferrovia e da Estação da Luz, 35

2º trecho – da rua Direita até a rua de São João, 142

2º trecho – entre a rua Líbero Badaró e o largo do Paissandu, 153

3º momento (1892-1917) – A ocupação da vertente oeste da cidade e sua influência na área central – A realização dos melhoramentos do Anhangabaú, 56

3º trecho – entre a rua de São João e o largo de São Bento, 148

Adoção do ponto de vista "de conjunto", A, 109

Agradecimentos, 11

Alguns antecedentes, 90

Apêndice, 165

Ausência de "sentimento artístico", A, 105

Ausência de visão sanitarista, A, 107

Avenida São João, 148

Bairro de Higienópolis, O, 69

Bairro dos Campos Elísios, O, 67

Bibliografia, 175

Caminhos de tropeiros e a definição da estrutura viária ao longo dos séculos XVIII e XIX, Os, 23

Casa de Correção, A, 42

Condicionantes da ocupação inicial da colina central, 18

Conferência "Os melhoramentos de São Paulo", A, 97

Conseqüente desvalorização da várzea do Carmo, A, 53

Considerações finais, 163

Consolidação de uma nova polaridade na área central, condicionante para sua expansão rumo a oeste, A, 137

Consolidação do Anhangabaú como espaço mais valorizado do setor central, A, 78

Convite a Bouvard, O, 125

Crítica à abordagem parcial do projeto, 98

Crítica à apropriação simplista de modelos advindos da experiência urbanística internacional, 109

Crítica de Freire ao projeto do governo estadual, A, 98

Defesa da contribuição de melhoria, Em, 123

Entrada da cidade pelas ruas da Glória e Liberdade, A, 30

Entrada pela ladeira do Carmo, A, 31

Espaços religiosos, Os, 21

Fatores indutores para a valorização do setor oeste da cidade, 56

Futura expansão do Centro rumo a oeste, A, 159

Igreja e o Convento da Luz, A, 41

Impacto da presença das estações ferroviárias na estrutura urbana paulistana, O, 37

Implantação de sistema de abastecimento de água, 56

Importância do bairro da Luz, A, 40

Importância do controle das áreas de expansão urbana, A, 121

Incoerência da proposta viária do projeto de Neves, A, 99

Indicação nº 147, apresentada à Câmara Municipal em 1906, A, 87

Interligação de Higienópolis com a Estação da Luz, 78

Interligação do Centro com a Estação da Luz, 78

Interligação do Centro com o bairro dos Campos Elísios, 77

Interligação do Centro histórico com Higienópolis, 76

Introdução, 13

Jardim da Luz, O, 41

Legislação do estado de São Paulo, 188

Legislação do município de São Paulo, 187

Legislação urbana, 60

Melhoramentos empreendidos pelo presidente João Teodoro, Os, 42

Modelo de administração municipal, Um, 122

Modernidade e urbanidade, 60

Necessidade de espaços abertos, A, 119

Nota do editor, 7

Novas diretrizes na estruturação do espaço urbano central, 35

Novos percursos interligando o Centro aos bairros do setor oeste e às estações, 76

Obras de Vítor da Silva Freire, 170

Outros melhoramentos no bairro da Luz, 51

Plano Bouvard, O, 129

Plano de Vítor Freire – Análise de "Os melhoramentos de São Paulo", O, 96

Portas da cidade – Carmo e Glória e a constituição de uma "frente" voltada para o Tamanduateí, As, 27

Praça da Sé, 155

Primeiros grandes empreendedores imobiliários: Os alemães Glette, Nothmann, Puttkamer e Burchard, Os, 65

Primeiros projetos para o vale do Anhangabaú e a origem do urbanismo paulistano, Os, 81

Processo de urbanização e a inversão de polaridades na estrutura do centro da cidade de São Paulo – do Tamanduateí para o Anhangabaú, O, 17

Projeto "Melhoramentos do Centro da cidade de São Paulo", O, 92

Projeto da Prefeitura Municipal, O, 90

Projeto de intervenção para o vale do Anhangabaú, O, 84

Projeto do governo estadual, O, 96

Projeto do vereador Silva Teles, O, 82

Proposta de revisão do padrão de retilinearidade presente na concepção viária das cidades modernas, 110

Proposta de um anel viário para a área central, A, 117

Propostas de Vítor Freire para o Centro de São Paulo, As, 109

Publicação de *Os melhoramentos de São Paulo*, A, 84

Realização dos melhoramentos na região do Anhangabaú, A, 137

Referência bibliográfica de Vítor Freire, A, 126

Rio Tamanduateí, O, 23

Rua Brigadeiro Tobias, 46

Rua Florêncio de Abreu, 49

Rua Líbero Badaró, 138

Ruas Brigadeiro Tobias e Florêncio de Abreu, As, 44

Salubridade urbana, 62

Seminário Episcopal, O, 41

Sistema viário ideal para São Paulo, O, 116

Teles, um urbanista pioneiro, 82

Trilhas indígenas, As, 18

Urbanista Vítor Freire, O, 96

Valorização desses eixos de conexão com o centro, A, 50

Valorização dos eixos de conexão do bairro da Luz com o Centro da cidade, A, 44

Vantagens naturais do sítio, As, 62

Viaduto do Chá e a consolidação da ligação do setor oeste com a área central, O, 74